HUODIAN GONGCHENG FANGZHI DIANLI SHENGCHAN

SHIGU DE ERSHIWUXIANG ZHONGDIAN YAOQIU JIANCHA PINGJIA BIAOZHUN

火电工程
《防止电力生产事故的二十五项重点要求》
检查评价标准

国家电力投资集团有限公司　发布

中国电力出版社

CHINA ELECTRIC POWER PRESS

内 容 提 要

本书依据国家能源局发布的《防止电力生产事故的二十五项重点要求》(国能安全〔2014〕161 号)编制，结合国家电力投资集团有限公司多年来火电工程建设的实践，针对基建期间各类技术问题，总结了近年来火电工程建设的成功经验，提出了《防止电力生产事故的二十五项重点要求》检查评价标准，对火电工程建设阶段技术条款实现进行系统性、规范化要求，为火电工程建设检查提供可参照、可执行、可闭环的指导文件，以进一步提高新建火电工程建设质量水平。

本书主要内容包括一般规定、检查评价实施、规范性引用文件、《防止电力生产事故的二十五项重点要求》检查评价、附录等内容。全书重点突出、内容充分、联系实际，具有较强的针对性和可操作性。

本书适用于各级从事火电工程建设的管理人员，特别是从事一线火电工程建设的技术管理人员使用。

图书在版编目（CIP）数据

火电工程《防止电力生产事故的二十五项重点要求》检查评价标准/国家电力投资集团有限公司发布. —北京：中国电力出版社，2020.9

ISBN 978-7-5198-4829-3

Ⅰ．①火… Ⅱ．①国… Ⅲ．①火力发电—电力工程—安全事故—事故预防—检测—标准—中国 Ⅳ．①TM621 65

中国版本图书馆 CIP 数据核字（2020）第 133974 号

出版发行：中国电力出版社
地　　址：北京市东城区北京站西街 19 号（邮政编码 100005）
网　　址：http://www.cepp.sgcc.com.cn
责任编辑：赵鸣志（010-63412385）　马雪倩
责任校对：黄　蓓　马　宁
装帧设计：赵姗姗
责任印制：吴　迪

印　　刷：三河市万龙印装有限公司
版　　次：2020 年 9 月第一版
印　　次：2020 年 9 月北京第一次印刷
开　　本：787 毫米×1092 毫米　16 开本
印　　张：13
字　　数：286 千字
印　　数：0001—1500 册
定　　价：65.00 元

火电工程《防止电力生产事故的二十五项重点要求》检查评价标准

编 写 委 员 会

主　　任　王志平

副 主 任　黄宝德　岳　乔

委　　员　李　牧　熊建明　陈以明　华志刚　王晓峰

主　　编　周奎应　刘思广

副 主 编　冯秀芳　赵金涛　李　彬

编　　委　肖　宁　李　虎　谢国强　侯晓亮　许道春　马雪强　付雪建

参编人员　李　虎　郝　飞　刘宗奎　陈　磊　高　飞　陈长利　张世宏

　　　　　于　凯　张景辉　李　凯　张延林　常阿飞　彭国富　李海军

　　　　　刘乐乐　曹合辉　潘哲伟　曾　勇　李彦民　张志国

评审人员　陈　浩　康志宏　余伟龙　刘　顿　王海军　刘　向　金旭明

　　　　　潘清波　金明权　王振南

前 言 »»»

    为加强《防止电力生产事故的二十五项重点要求》（以下简称《二十五项重点要求》）检查评价工作，贯彻国家电力投资集团有限公司（以下简称集团公司）火电工程建设安全、质量要求，坚持"安全第一、预防为主、综合治理"的方针，在火电工程设计、安装、调试等阶段全面落实《二十五项重点要求》相关条款，为管理人员和技术人员工作开展提供指导和依据，强化过程监督检查，全面提高机组投产水平，实现达标投产，确保新投产机组安全、稳定、经济、环保运行，特制定《火电工程〈防止电力生产事故的二十五项重点要求〉检查评价标准》（以下简称《检查评价标准》）。

    本书遵循国家有关火电工程的法律、法规、管理标准、技术标准和相关行业标准，结合了集团公司火电工程建设的相关管理制度和规定，针对火电工程施工管理持续时间长、业务范围广以及工艺过程高复杂性、生产过程工作低容错性的特点，明确了火电工程建设落实《二十五项重点要求》的各项技术要求，细化了《二十五项重点要求》的检查评价内容，为火电工程建设检查提供参考。

    本书由国家电投集团河南电力有限公司编写。编写过程中进行了深入的调查研究，总结了集团公司系统内火电工程建设的成功经验，并广泛征求了各二级单位及在建项目的意见。编写人员团结协作，以科学严谨、严肃认真的态度，编撰了各部分内容，并进行了反复讨论和修改，付出了艰辛的劳动。在此，我们向所有编写人员表示衷心的感谢！

    由于水平所限，书中难免存在诸多疏漏和不足之处，敬请各位批评指正，我们将在适当时候进行修订完善。

编写委员会

2020 年 6 月

《 目 录

火电工程《防止电力生产事故的二十五项重点要求》
检查评价标准
1 一 般 规 定

1.0.1 火电工程应在项目建设全过程贯彻落实《二十五项重点要求》，通过加强设计、设备选型、制造监造、施工、调试管理，在各个阶段有针对性地采取措施，全面落实有关要求。

1.0.2 建设单位应将《二十五项重点要求》纳入现场安全、质量管理体系，组织开展学习培训，并建立考核机制，确保《二十五项重点要求》得到有效落实。

1.0.3 建设单位应分专业、分阶段组织自查，二级单位每年度至少进行一次检查评价，集团公司根据具体情况组织抽查。

1.0.4 本标准适用于集团公司所属境内全资、控股的火电工程项目，境外火电项目可参照执行。

1.0.5 未纳入本标准的与工程建设相关的规定，可参见附录 A 进一步完善评价标准，并在工程建设过程中落实。

2 检查评价实施

2.0.1 检查评价采用建设单位自查、二级单位复查、集团公司抽查的方式进行。检查评价可采用阶段性评价和专项评价相结合的方式进行。阶段性检查评价宜在开工前、施工阶段、调试阶段进行，专项评价可结合工程实际分专业开展。

2.0.2 建设单位制定年度检查评价计划，并组织开展自查工作，并将自查报告报二级单位（查评报告格式见附录 A）。

2.0.3 二级单位进行复查，并编制检查评价报告（查评报告格式见附录 A），集团公司根据实际情况组织抽查。

3 规范性引用文件

下列文件对于本文件的应用是必不可少的。凡是注日期的引用文件，仅注日期的版本适用于本文件。凡是不注日期的引用文件，其最新版本（包括所有的修改单）适用于本文件。

GB 12145—2008《火力发电机组及蒸汽动力设备水汽质量》

GB 13223—2011《火电厂大气污染物排放标准》

GB/T 14285—2006《继电保护和安全自动装置技术规程》

GB 26164.1—2010《电业安全工作规程　第1部分：热力和机械》

GB 50016—2016《建筑设计防火规范》

GB/T 7064—2008《隐极同步发电机技术要求》

GB 50150—2016《电气装置安装工程　电气设备交接试验标准》

GB 50168—2018《电气装置安装工程　电缆线路施工及验收规范》

GB 50169—2016《电气装置安装工程　接地装置施工及验收规范》

GB 50172—2010《电气装置安装工程　蓄电池施工及验收规范》

GB 50217—2018《电力工程电缆设计规范》

GB 50351—2014《储罐区防火堤设计规范》

DL/T 5161（所有部分）《电气装置安装工程质量检验及评定规程》

DL/T 298—2011《发电机定子绕组端部电晕与评定导则》

DL/T 393—2010《输变电设备状态检修试验规程》

DL/T 435—2018《电站锅炉炉膛防爆规程》

DL/T 438—2016《火力发电厂金属技术监督规程》

DL/T 475—2017《接地装置特性参数测量导则》

DL/T 596—1996《电力设备预防性试验规程》

DL/T 607《汽轮发电机漏水、漏氢的检验》

DL/T 647—2004《电站锅炉压力容器检验规程》

DL/T 651—1998《氢冷发电机氢气湿度技术要求》

DL/T 655—2017《火力发电厂锅炉炉膛安全监控系统验收测试规程》

DL/T 664—2008《带电设备红外诊断应用规范》

DL/T 705—1999《运行中氢冷发电机用密封油质量标准》

DL/T 712—2010《发电厂凝汽器及辅机冷却器管材导则》

DL/T 724—2000《电力系统用蓄电池直流电源装置运行与维护技术规程》

DL/T 801—2010《大型发电机内冷却水质及系统技术要求》

DL/T 819—2010《火力发电厂焊接热处理技术规程》

DL/T 820—2012《管道焊接接头超声波检验技术规程》

DL/T 821—2017《金属熔化焊对接接头射线检测技术和质量分级》

DL/T 831—2015《大容量煤粉燃烧锅炉炉膛选型导则》

DL/T 869—2012《火力发电厂焊接技术规程》

DL/T 902—2004《耐磨耐火材料技术条件与检验方法》

DL/T 1083—2019《火力发电厂分散控制系统技术条件》

DL/T 1091—2018《火力发电厂锅炉炉膛安全监控系统技术规程》

DL/T 1164—2012《汽轮发电机运行导则》

DL 5009.1—2014《电力建设安全工作规程　火力发电厂部分》

DL/T 5210.1—2012《电力建设施工质量验收及评价规程　第 1 部分：土建工程》

DL/T 5210.2—2018《电力建设施工质量验收规程　第 2 部分：锅炉机组》

DL/T 5210.3—2018《电力建设施工质量验收规程　第 3 部分：汽轮发电机组》

DL/T 5210.4—2018《电力建设施工质量验收规程　第 4 部分：热工仪表及控制装置》

JGJ 59—2011《建筑施工安全检查标准》

SPIC-ZD-ZN08-01-2019B《国家电力投资集团有限公司安全生产尽职督察实施办法》

SPIC-ZD-YW02-04-2018《国家电力投资集团有限公司火电工程建设管理办法》

TSG 21—2016《固定式压力容器安全技术监察规程》

TSG R5002—2013《压力容器使用管理规则》

国能安全〔2014〕161 号《防止电力生产事故的二十五项重点要求》

国能安全〔2015〕36 号《电力监控系统安全防护总体方案》

国家电投安环〔2017〕45 号《国家电投安全目视化管理指南（火力发电分册）》

国家电投安环〔2018〕72 号《国家电力投资集团有限公司安全生产禁令》

国务院令第 549 号《特种设备安全监察条例》

质技监局锅发〔1999〕202 号《锅炉定期检验规则》

国家电力监管委员会令第 5 号《电力二次系统安全防护总体规定》

办火电〔2018〕30 号《国家电力投资集团有限公司火电工程开工标准指导意见》

中国电力投资集团公司. 火电工程质量检查验收管理导则. 北京：中国电力出版社，2012.

4 防止人身伤亡事故

编号	条文规定	小项	检查内容	是否符合	评价	检查人	备注
1	防止人身伤亡事故	260					
1.1	防止高处坠落事故	26					
1.1.1	高处作业人员必须经县级以上医疗机构体检合格（体格检查至少每两年一次），凡不适宜高处作业的疾病者不得从事高处作业，防晕倒坠落	1	查高处作业人员名录				
		2	查高处作业人员体检报告，是否具有县级以上医疗机构体检报告				
		3	查安全技术交底记录；查安全检查专项记录				
		4	查高处作业制度规范				
1.1.2	正确使用安全带，安全带必须系在牢固物件上，防止脱落。在高处作业必须穿防滑鞋、设专人监护。高处作业不具备挂安全带的情况下，应使用防坠器或安全绳	1	检查现场实际情况				
		2	检查安全带、防坠器、安全网检验记录				
		3	查高处作业制度规范				
1.1.3	高处作业应设有合格、牢固的防护栏，防止作业人员失误或坐靠坠落。作业立足点面积要足够，跳板进行满铺及有效固定	1	检查现场实际情况				
		2	查安全检查专项记录				
		3	查作业立足点面积是否足够、跳板是否满铺				
1.1.4	登高用的支撑架、脚手架材质合格，并装有防护栏杆、搭设牢固，经验收合格后方可使用。使用中严禁超载，防止发生架体坍塌坠落，导致人员踏空或失稳坠落。使用吊篮悬挂机构的结构件应有足够的强度、刚度和配重及可固定措施	1	查脚手架构配件等检验、试验报告；现场检查、核查支撑架、脚手架搭设作业文件是否符合要求，是否按照方案搭设				
		2	查脚手架搭设验收合格记录、吊篮搭设验收合格证				
1.1.5	基坑（槽）临边应装设由钢管$\phi48\times3.5$mm（直径×管壁厚）搭设带中杆的防护栏杆，防护栏杆上除警示标示牌外不得拴挂任何物件，以防作业人员行走踏空坠落。作业层脚手架的脚手板应铺设严密、采用定型卡带进行固定	1	检查现场实际情况				
		2	查安全检查专项记录				
		3	查脚手架、防护栏杆搭设验收记录				
1.1.6	洞口应装设盖板并盖实，表面刷黄黑相间的安全警示线，以防人员行走踏空坠落。洞口盖板掀开后，应装设刚性防护栏杆，悬挂安全警示板。夜间应将洞口盖实并装设红灯警示，以防人员失足坠落	1	检查现场实际情况				
		2	查安全检查专项记录				

编号	条文规定	小项	检查内容	是否符合	评价	检查人	备注
1.1.7	登高作业应使用两端装有防滑套的合格的梯子，梯阶的距离不应大于40cm，并在距梯顶1m处设限高标志。使用单梯工作时，梯子与地面的斜角度为60°左右，梯子有人扶持，以防失稳坠落	1	检查梯子状况				
		2	查安全检查专项记录				
1.1.8	拆除工程必须制定安全防护措施、正确的拆除程序，不得颠倒，以防建（构）筑物倒塌坠落	1	查拆除工程施工方案				
		2	现场检查拆除工程安全防护措施落实情况				
1.1.9	对强度不足的作业面（如石棉瓦、铁皮板、采光浪板、装饰板等），人员在作业时，必须采取加强措施，以防踩踏坠落	1	查作业面是否采取了加强措施及措施的可靠性				
		2	查安全检查专项记录及安全技术交底相关记录				
1.1.10	在5级及以上的大风以及暴雨、雷电、冰雹、大雾等恶劣天气，应停止露天高处作业。特殊情况下，确需在恶劣天气进行抢修时，应组织人员充分讨论必要的安全措施，经本单位分管生产的领导（总工程师）批准后方可进行	1	查安全措施批准记录				
		2	查安全检查专项记录				
1.1.11	登高作业人员，必须经过专业技能培训，并应取得合格证书方可上岗	1	查登高作业上岗证				
1.2	防止触电事故	44					
1.2.1	凡从事电气操作、电气检修和维护工作的人员（统称电工）必须经专业技术培训及触电急救培训并合格方可上岗，其中属于特种工作的需取得《特种作业操作证》（电工作业，不含电力系统进网作业；进入电网作业的，还必须取得《电工进网作业许可证》）。带电作业人员还应取得《带电作业资格证》	1	查电工证				
		2	查特种作业操作证				
		3	查带电作业资格证				
		4	查触电急救培训记录及考试成绩				
		5	查安全检查专项记录				
1.2.2	凡从事电气作业的人员应佩戴合格的个人防护用品：高压绝缘鞋（靴）、高压绝缘手套等必须选用具有国家"劳动防护品安全生产许可证书"资质单位的产品且在检验有效期内。作业时必须穿好工作服、戴安全帽、穿绝缘鞋（靴）、戴绝缘手套	1	查劳动防护制度及劳保台账				
		2	查劳动防护品有效期				
		3	查劳动防护品生产厂家资质				
		4	现场检查电气作业人员个人防护用品佩戴情况				
		5	查安全检查专项记录				

编号	条文规定	小项	检查内容	是否符合	评价	检查人	备注
1.2.3	使用绝缘安全用具（绝缘操作杆、验电器、携带型短路接地线等）必须选用具有生产许可证、产品合格证、安全鉴定证的产品，使用前必须检查是否贴有检验合格证标签及是否在检验有效期内	1	查绝缘安全用具台账且"三证"齐全				
		2	查绝缘安全用具有"检验合格证"并在有效期内				
		3	查安全检查专项记录				
1.2.4	选用的手持电动工具必须具有国家认可单位发的产品合格证，使用前必须检查工具上贴有检验合格证标识，检验周期为6个月。使用时必须接在装有动作电流不大于30mA、一般型（无延时）的剩余电流动作保护器的电源上，并不得提着电动工具的导线或转动部分使用，严禁将电缆金属丝直接插入插座内使用	1	查手持电动工具登记、检验台账				
		2	查手持电动工具有"产品合格证"				
		3	查手持电动工具在使用前有"检验合格证"				
		4	查手持电动工具现场使用情况				
		5	查安全检查专项记录				
1.2.5	现场临时用电的检修电源箱必须装自动空气开关、剩余电流动作保护器、接线柱或插座，专用接地铜排和端子、箱体必须可靠接地，接地、接零标识应清晰，并固定牢固。对氢站、氨站、油区、危险化学品间等特殊场所，应选用防爆型检修电源箱，并使用防爆插头	1	查临时用电管理规定				
		2	现场检查临时用电的检修电源箱实际状况				
		3	现场检查氢站、氨站、油区、危险化学品间检修电源箱配置情况				
		4	查安全检查专项记录				
1.2.6	在高压设备作业时，人体及所带的工具与带电体的最小安全距离应符合要求。在低压设备作业时，人体与带电体的安全距离不低于0.1m。当高压设备接地故障时，室内不得接近故障点4m以内，室外不得接近故障点8m以内。进入上述范围的人员必须穿绝缘靴，接触设备的外壳和构架应戴绝缘手套	1	查电气作业管理规定				
		2	现场检查				
		3	查安全检查专项记录				
1.2.7	高压电气设备带电部位对地距离不满足设计标准时，周边必须装设防护围栏，门应加锁，并挂好安全警示牌。在做高压试验时，必须装设围栏，并设专人看护，非工作人员禁止入内。操作人员应站在绝缘物上	1	查高压电气设备管理规定				
		2	现场检查				
		3	查高压试验记录				
1.2.8	电气设备必须装设保护接地（接零），不得将接地线接在金属管道上或其他金属构件上。雨天操作室外高压设备时，绝缘棒应有防雨罩，还应穿绝缘靴。雷电时严禁进行就地倒闸操作	1	查高压电气设备操作管理规定				
		2	现场检查电气设备保护接地情况				
		3	查是否有高压电气设备操作危险点分析				

编号	条文规定	小项	检查内容	是否符合	评价	检查人	备注
1.2.9	当发觉有跨步电压时，应立即将双脚并在一起或用一条腿跳着离开导线断落地点	1	查安全培训记录				
		2	现场查问作业人员是否掌握正确处理方法				
1.2.10	在地下敷设电缆附近开挖土方时，严禁使用机械开挖	1	查有关土方开挖的管理规定				
		2	现场检查土方开挖实际情况				
1.2.11	严禁用湿手去触摸电源开关以及其他电气设备	1	查安全培训记录				
		2	现场查问值班人员是否掌握				
1.2.12	为防止发生电气误操作触电，操作时应遵循以下原则： （1）停电：断路器在"分闸"位置时，方准拉开隔离开关。 （2）验电：先检验验电器是否完好，并设监护人，方准进行验电操作。 （3）装设地线：先挂接地端，再挂导体端。拆除时，则顺序相反。严禁带电挂（合）接地线（接地开关）	1	查操作票管理规定				
		2	查电气操作票				
		3	现场查问值班人员是否掌握				
		4	查验电器检验记录				
1.2.13	严禁无票操作及擅自解除高压电气设备的防误操作闭锁装置，严禁带接地线（接地开关）合断路器（隔离开关）及带负荷合（拉）隔离开关，严禁误入带电间隔	1	查操作票管理规定				
		2	查"五防"闭锁管理规定				
		3	查电气操作票				
1.3	**防止物体打击事故**	8					
1.3.1	进入生产现场人员必须进行安全培训教育，掌握相关安全防护知识，从事手工加工的作业人员，必须掌握工器具的正确使用方法及安全防护知识，从事人工搬运的作业人员，必须掌握撬杠、滚杠、跳板等工具的正确使用方法及安全防护知识	1	查安全培训记录和安全技术交底记录				
		2	现场查问工作人员是否掌握				
1.3.2	进入现场的作业人员必须戴好安全帽。人工搬运的作业人员必须戴好安全帽、防护手套，穿好防砸鞋，必要时戴好披肩、垫肩、护目镜	1	现场检查				
1.3.3	高处作业时，必须做好防止物件掉落的防护措施，下方设置警戒区域，并设专人监护，不得在工作地点下面通行和逗留。上、下层垂直交叉同时作业时，中间必须搭设严密牢固的防护隔板、罩栅或其他隔离设施。高处作业必须佩带工具袋	1	查高处作业管理规定				
		2	现场检查				
		3	查安全检查专项记录				

编号	条文规定	小项	检查内容	是否符合	评价	检查人	备注
1.3.3	时，工具袋应拴紧系牢，上下传递物件时，应用绳子系牢物件后再传递，严禁上下抛掷物品。高处作业下方，应设警戒区域，设专人看护	3	查安全检查专项记录				
1.3.4	高处临边不得堆放物件，空间小必须堆放时，必须采取防坠落措施；高处场所的废弃物应及时清理	1	查高处作业管理规定				
		2	现场检查				
1.4	防止机械伤害事故	12					
1.4.1	操作人员必须经过专业技能培训，并掌握机械（设备）的现场操作规程和安全防护知识	1	查现场是否张贴操作规程				
		2	查操作人员安全培训、考试记录、上岗考试记录				
1.4.2	操作人员必须穿好工作服，衣服、袖口应扣好，不得戴围巾、领带，女性长发必须盘在帽内，操作时必须戴防护眼镜，必要时戴防尘口罩、穿绝缘鞋。操作钻床时，不得戴手套。不得在开动的机械设备旁换衣服	1	查操作人员培训记录				
		2	查相关管理制度，现场检查执行情况				
1.4.3	机械设备各转动部位（如传送带、齿轮机、联轴器、飞轮等）必须装设防护装置。机械设备必须装设紧急制动装置，一机一闸一保护。周边必须划警戒线，工作场所应设人行通道，照明必须充足	1	现场检查是否符合相关规定				
1.4.4	输煤皮带的转动部分及拉紧重锤必须装设遮栏，加油装置应接在遮栏外面。两侧的人行通道必须装设固定防护栏杆，并装设紧急停止拉线开关。运行或停运备用侧皮带上严禁站人、越过、爬过及传递各种用具。皮带运行过程中，严禁清理皮带中任何杂物	1	依据输煤皮带管理规定检查现场是否符合要求				
		2	查安全技术交底记录				
		3	现场检查				
1.4.5	严禁在运行中清扫、擦拭和润滑设备的旋转和移动部分，严禁将手伸入栅栏内。严禁将头、手脚伸入转动部件活动区内	1	查培训记录				
		2	现场检查				
1.4.6	给料（煤）机在运行中发生卡、堵时，应停止设备运行，做好设备防转动措施后方可清理塞物。严禁用手直接清理塞物。钢球磨煤机运行中，严禁在传动装置和滚筒下部清除煤粉、钢球、杂物等	1	查培训记录				
		2	现场检查				

编号	条文规定	小项	检查内容	是否符合	评价	检查人	备注
1.5	防止灼烫伤害事故	12					
1.5.1	电工、电（气）焊人员均属于特种作业人员，必须经专业技能培训，取得《特种作业操作证》。电工作业、焊接与热切割作业、除灰（焦）人员、热力作业人员必须经专业技术培训，符合上岗要求	1	查特种作业人员管理台账				
		2	查特种作业人员持证情况				
		3	查作业人员专业技术培训记录				
1.5.2	除焦作业人员必须穿好防烫伤的隔热工作服、工作鞋，戴好防烫伤手套、防护面罩和必需的安全工具。电（气）焊作业人员必须穿好焊工工作服、焊工防护鞋，戴好工作帽、焊工手套，其中电焊须戴好焊工面罩，气焊须戴好防护眼镜。化学作业人员[配置化学溶液、装卸酸（碱）等]必须穿好耐酸（碱）服、戴好橡胶耐酸（碱）手套、防护眼镜（面罩）以及戴好防毒口罩	1	查劳保用品发放台账				
		2	查安全培训记录				
		3	作业人员防护用品配置齐全，现场检查防护用品正确使用				
1.5.3	捞渣机周边应装设固定的防护栏杆，挂"当心烫伤"警示牌。循环流化床锅炉的外置床事故排渣口周围必须设置固定围栏。循环流化床排渣门须使用先进、可远方操作的电动锤型阀，取消简易的插板门	1	现场检查				
1.5.4	电（气）焊作业面应铺设防火隔离毯，作业区下方设置警戒线并设专人看护，作业现场照明充足	1	查安全专项检查记录				
		2	现场检查				
1.5.5	发电厂锅炉运行时，工作需要打开的门孔应及时关闭。不得在锅炉人孔门、炉膛连接的膨胀节处长时间逗留。观察炉膛燃烧情况时，必须站在看火孔的侧面；同时佩戴防护眼镜或用有色玻璃遮盖眼睛。除焦时，原则应停炉进行。确需不停炉除焦（渣）时，应设置警戒区域，挂上安全警示牌，设专人监护。循环流化床除焦时，必须指定专门的现场指挥人员，开工前必须制订好除焦方案，并进行安全和技术交底，确保除焦人员安全。除焦人员严禁站在楼梯、管子或栏杆等上面	1	查锅炉运行规程规定				
		2	查除焦方案安全措施是否完善，查安全技术交底记录是否齐全				
		3	查现场安全措施是否到位				
1.6	防止起重伤害事故	27					
1.6.1	起重设备经检验检测机构监督检验合格，并在特种设备安全监督管理部门登记	1	查起重设备检查、检验记录				
		2	查起重设备登记台账				

编号	条文规定	小项	检查内容	是否符合	评价	检查人	备注
1.6.2	从事起吊作业及安装维修的人员必须经专业技能培训，从事起吊作业人员应取得《特种作业操作证》。安装维修人员也应取得相应《特种作业操作证》，考试合格后方可上岗。起吊作业人员经县级以上医疗机构体检合格方可上岗，合格的（含矫正视力）双目视力不低于0.7，无色盲、听觉障碍、癫痫病、高血压、心脏病、眩晕、突发性昏厥等疾病及生理缺陷）	1	查起吊作业人员持证情况				
		2	查起吊作业人员县级以上医疗机构体检证明				
		3	现场检查				
1.6.3	吊装作业必须设专人指挥，指挥人员不得兼做司索（挂钩）以及其他工作，应认真观察起重作业周围环境，确保信号正确无误，严禁违章指挥或指挥信号不规范	1	查起重设备操作规程				
		2	查起重指挥人员证件，现场检查实际操作情况				
1.6.4	起重工具使用前，必须检查完好、无破损。工作起吊时严禁超负荷或歪斜拽吊	1	查起重设备操作规程				
		2	查起重设备维护、检查记录				
		3	现场检查				
1.6.5	起重吊物之前，必须清楚物件的实际重量，不准起吊不明物和埋在地下的物件。当重物无固定死点时，必须按规定选择吊点并捆绑牢固，使重物在吊运过程中保持平衡和吊点不发生移动。工件或吊物起吊时必须捆绑牢靠	1	查起重设备操作规程				
		2	查起吊作业方案和记录，安全技术交底记录；抽查现场人员是否熟悉相关要求				
		3	现场检查				
1.6.6	严禁吊物上站人或放有活动的物体。吊装作业现场必须设警戒区域，设专人监护。严禁吊物从人的头上越过或停留	1	查起重作业管理规定				
		2	查起吊作业方案				
		3	现场检查				
1.6.7	起吊现场照明充足，视线清晰	1	现场检查				
1.6.8	带棱角、缺口的物体无防割措施不得起吊	1	查起重作业管理规定				
		2	现场检查				
1.6.9	在带电的电气设备或高压线下起吊物体，起重机应可靠接地，注意与输电线的安全距离，必要时制订好防范措施，并设电气监护人监护	1	查起重作业管理规定或起吊作业方案				
		2	现场检查				
1.6.10	起吊易燃、易爆物（如氧气瓶、煤气罐）时，必须制订好安全技术措施，并经主管生产负责人批准后，方可吊装	1	查经批准的起吊安全技术措施				
		2	查起重作业管理规定或起吊作业方案				
		3	现场检查				

编号	条文规定	小项	检查内容	是否符合	评价	检查人	备注
1.6.11	遇大雪、大雨、雷电、大雾、风力5级以上等恶劣天气,严禁户外或露天起重作业	1	查起重作业管理规定				
		2	现场检查				
		3	查安全专项检查记录				
1.7	防止烟气脱硫设备及其系统中人身伤亡事故	24					
1.7.1	新建、改建和扩建电厂的吸收塔及内部支撑架、烟道、浆液箱罐、烟气挡板、浆液管道、烟囱做防腐处理时,应选择耐腐蚀、耐磨损的材料,对浆液泵及搅拌器、浆液管道、旋流器、膨胀节要做防磨处理,并加强日常监视、检查、检修、维护,防止由于设备腐蚀、卡涩带来的安全隐患	1	查烟气脱硫设备定检定修记录;查烟气脱硫设备巡检记录				
		2	查烟气脱硫设备消缺记录				
		3	查烟气脱硫设备防腐合同及验收记录				
		4	现场检查				
1.7.2	防止脱硫塔进口烟气温度过高损坏防腐层,及时修复损坏的防腐层和更换损坏的衬胶管	1	查运行调整记录				
		2	查脱硫塔进口烟气温度曲线				
		3	查防腐层、衬胶管检查修复记录				
1.7.3	加强石灰石粉输送系统防尘措施,防止粉尘飞扬对作业人员造成职业健康伤害。在脱硫石膏装载作业时,必须在确认运输车厢(罐)内无人后才能进行装载作业	1	查职业病防治管理办法				
		2	查职业病体检记录				
		3	查安全专项检查记录				
		4	现场检查石灰石粉输送系统防尘措施				
1.7.4	加强浆液池等盛装液体的沟池的安全防护,有淹溺危险的场所必须设置盖板,并做到盖板严密,以防作业人员落入沟池	1	查安全专项检查记录				
		2	现场检查				
1.7.5	进入脱硫塔前,必须打开人孔门进行通风,在有毒气体浓度降低到允许值以下才能进入。进入脱硫塔检修,必须在外设专人监护	1	查脱硫塔检修工作票安全措施及危险点分析				
		2	查检修方案				
		3	查脱硫塔有毒气体浓度测量记录				
		4	现场检查				
1.7.6	加强保安电源的维护,发生全厂停电或者脱硫系统突然停电时,保安电源能确保及时启动并向脱硫系统供电	1	查保安电源维护记录				
		2	查脱硫系统电气运行规程				
		3	查脱硫系统调试方案				
		4	查脱硫系统调试记录				

编号	条文规定	小项	检查内容	是否符合	评价	检查人	备注
1.7.7	加强对脱硫系统工作人员,尤其是施工人员的安全教育,强化工人安全意识,加强施工现场和运行作业时的安全管理、巡检到位,确保设备及人身安全	1	查脱硫系统工作人员上岗培训、考试记录				
		2	查脱硫系统工作人员安全培训、考试记录				
		3	查脱硫系统巡检记录				
1.8	防止液氨储罐泄漏、中毒、爆炸伤人事故	62					
1.8.1	液氨储罐区须由具有综合甲级资质或者化工、石化专业甲级设计资质的化工、石化设计单位设计。储罐、管道、阀门、法兰等必须严格把好质量关,并定期检验、检测、试压	1	查液氨储罐区安装验收资料、记录是否完整,设计单位符合综合甲级资质要求				
		2	查液氨储罐区检验、检测记录				
		3	查液氨储罐区试压记录				
		4	查液氨储罐区安全评价记录				
1.8.2	防止液氨储罐意外受热或罐体温度过高而致使饱和蒸汽压力显著增加	1	查防止液氨储罐意外受热安全措施				
		2	查风险辨识与评估记录				
		3	查液氨储罐温度指示记录				
1.8.3	加强液氨储罐的运行管理,严格控制液氨储罐充装量,液氨储罐的储存体积不应大于 50%～80%储罐容器,严禁过量充装,防止因超压而发生罐体开裂或阀门顶脱、液氨泄漏伤人	1	查液氨储罐运行规程				
		2	现场检查液氨储罐液位				
		3	液氨储罐充装操作票及危险因素分析				
1.8.4	在储罐四周安装水喷淋装置,当储罐罐体温度过高时自动淋水装置启动,防止液氨罐受热、暴晒	1	查储罐自动淋水装置联动试验报告				
		2	查储罐自动淋水装置定期试验记录				
		3	现场检查				
1.8.5	设置安全警示标志,严禁吸烟、火种和穿带钉皮鞋进入罐区和有火灾爆炸危险原料储存场所	1	查罐区安全管理规定				
		2	查罐区进出工作记录				
		3	现场检查				
1.8.6	检修时做好防护措施,严格执行动火票审批制度,并加强监护和防范措施,空罐检修时,采取措施防止空气漏入管内形成爆炸性混合气体	1	查罐区防火管理规定				
		2	查罐区检修动火工作票				
		3	查罐区风险辨识与评估记录				

编号	条文规定	小项	检查内容	是否符合	评价	检查人	备注
1.8.7	严格执行防雷电、防静电措施，设置符合规程的避雷装置，按照规范要求在罐区入口设置防静电装置，易燃物质的管道、法兰等应有防静电接地措施，电气设备应采用防爆电气设备	1	查罐区避雷装置检验、检查记录，检查防静电措施				
		2	查罐区安全评价记录				
		3	现场检查				
1.8.8	完善储运等生产设施的安全阀、压力表、放空管、氮气吹扫置换口等安全装置，并做好日常维护；严禁使用软管卸氨，应采用金属万向管道充装系统卸氨	1	查储运设施的安全阀、压力表等附件的整定、校验记录				
		2	查储运设施的安全阀、压力表、放空管、氮气吹扫置换口等附件的检查维护记录				
		3	查卸氨管理规定				
		4	现场检查				
1.8.9	氨储存箱、氨计量箱的排气，应设置氨气吸收装置	1	查氨气吸收装置维护记录				
		2	现场检查				
1.8.10	加强管理、严格工艺措施，防止跑、冒、漏；充装液氨的罐体上严禁实施焊接，防止因罐体内液面以上部位达到爆炸极限的混合气体发生爆炸	1	查液氨罐体定期检查记录				
		2	查液氨罐体动火工作票记录				
		3	现场检查				
1.8.11	坚持巡回检查，发现问题及时处理，避免因外环境腐蚀发生液氨泄漏	1	查液氨罐体专项检查记录				
		2	现场检查				
1.8.12	槽车卸车作业时应严格遵守操作规程，卸车过程应有专人监护	1	查槽车卸车作业操作规程				
		2	查槽车卸车作业操作票				
1.8.13	加强进入氨区车辆管理，严禁未装阻火器机动车辆进入火灾、爆炸危险区，运送物料的机动车辆必须正确行驶，不能发生任何故障和车祸	1	查氨区安全管理规定				
		2	查进入氨区车辆登记记录				
		3	查运输液氨的车辆运输许可证				
		4	查运输液氨的单位资质证明				
		5	查运输液氨的车辆司机运输危险物品许可证				
1.8.14	设置符合规定要求的消防灭火器材，液氨储罐区应设置风向标，及时掌握风向变化；发生事故时，应及时撤离影响范围内的工作人员，氨区作业人员必须佩戴防毒面具，并及时撤离影响范围内的人员	1	查液氨储罐区消防规程				
		2	查液氨储罐区作业管理规定				
		3	查防毒面具使用培训记录				
		4	查液氨储罐区事故处置方案				
		5	现场检查				

编号	条文规定	小项	检查内容	是否符合	评价	检查人	备注
1.8.15	正确穿戴劳动防护用品，严禁穿戴易产生静电服装，作业人员实施操作时，应按规定佩戴个人防护品，避免因正常工作时或事故状态下吸入过量氨气	1	查劳动防护管理规定				
		2	劳动防护用品发放记录				
		3	查氨区作业管理规定				
		4	现场检查				
1.8.16	建立氨管理制度，加强相关人员的业务知识培训，使用和储存人员必须熟悉氨的性质；杜绝误操作和习惯性违章	1	查氨区管理规定				
		2	查氨区值班作业人员培训记录				
		3	查氨区值班作业人员上岗考核记录				
		4	查氨区装设危险物品信息告知栏				
		5	现场检查				
1.8.17	液氨厂外运输应加强安全措施，不得随意找社会车辆进行液氨运输。电厂应与具有危险货物运输资质的单位签订专项液氨运输协议	1	查危险货物运输单位的资质				
1.8.18	由于液氨泄漏后与空气混合形成密度比空气大的蒸气云，为避免人员穿越"氨云"，氨区控制室和配电间出入门口不得朝向装置间。制定应急救援预案，并定期组织演练	1	现场检查				
		2	查氨区应急救援预案				
		3	查氨区应急救援预案演练计划				
		4	查氨区应急救援预案演练总结				
1.8.19	氨区所有电气设备、远传仪表、执行机构、热控盘柜等均选用相应等级的防爆设备，防爆结构选用隔爆型（Ex-d），防爆等级不低于IIAT1	1	查氨区所有电气设备的设计选型				
		2	查氨区所有电气设备安装验收记录				
		3	现场检查				
1.9	防止中毒与窒息伤害事故	29					
1.9.1	在受限空间（如电缆沟、烟道、管道等）内长时间作业时，必须保持通风良好，防缺氧窒息。在沟道（池）内作业时[如电缆沟、烟道、中水前池、污池、化粪池、阀门井、排污管道、地沟(坑)、地下室等]，为防止作业人员吸入一氧化碳、硫化氢、二氧化硫、沼气等中毒、窒息，必须做好以下措施：	1	查受限空间作业管理规定				
		2	查沟道（池）内作业操作票或危险辨识与评估记录				
		3	现场检查安全措施落实情况及人员进出记录				

编号	条文规定	小项	检查内容	是否符合	评价	检查人	备注
1.9.1	（1）打开沟道（池、井）的盖板或人孔门，保持良好通风，严禁关闭人孔门或盖板。 （2）进入沟道（池、井）内施工前，应用鼓风机向内进行吹风，保持空气循环，并检查沟道（池、井）内的有害气体含量不超标，氧气浓度保持在19.5%～21%范围内。 （3）地下维护室至少打开2个人孔，每个人孔上放置通风筒或导风板，一个正对来风方向，另一个正对去风方向，确保通风畅通。 （4）井下或池内作业人员必须系好安全带和安全绳，安全绳的一端必须握在监护人手中，当作业人员感到身体不适，必须立即撤离现场。在关闭人孔门或盖板前，必须清点人数，并喊话确认无人	3	现场检查安全措施落实情况及人员进出记录				
1.9.2	对容器内的有害气体置换时，吹扫必须彻底，不留残留气体，防止人员中毒。进入容器内作业时，必须先测量容器内部氧气含量，低于规定值不得进入，同时做好逃生措施，并保持通风良好，严禁向容器内输送氧气。容器外设专人监护且与容器内人员定时喊话联系	1	查容器内作业管理规定				
		2	查容器内作业前氧气含量测量记录				
		3	查容器内作业工作票及危险因素分析记录				
		4	现场检查				
1.9.3	进入粉尘较大的场所作业，作业人员必须戴防尘口罩。进入有害气体的场所作业，作业人员必须佩戴防毒面罩。进入酸气较大的场所作业，作业人员必须戴好套头式防毒面具。进入液氨泄漏的场所作业时，作业人员必须穿好重型防化服	1	查作业人员劳动防护规定				
		2	查劳保发放记录				
		3	查危害因素公示栏及安全警示标识				
		4	现场检查				
1.9.4	危险化学品应在具有《危险化学品经营许可证》的商店购买，不得购买无厂家标志、无生产日期、无安全说明书和安全标签的"三无"危险化学品	1	查危险化学品供货清单				
		2	查危险化学品供货商资质				
		3	现场检查				
1.9.5	危险化学品专用仓库必须装设机械通风装置、冲洗水源及排水设施，并设专人管理，建立健全档案、台账，并有出入库登记。化学实验室必须装设通风和机械通风设备，	1	查危险化学品管理规定				
		2	现场检查				
		3	查职业危害因素监测报告及控制措施				

编号	条文规定	小项	检查内容	是否符合	评价	检查人	备注
1.9.5	应有自来水、消防器械、急救药箱、酸（碱）伤害急救中和用药、毛巾、肥皂等	4	危险化学品专用仓库进出登记记录				
		5	查安全设施定期检查、维护记录				
		6	查化学实验室安全防护用品配置记录				
1.9.6	有毒、致癌、有挥发性等物品必须储藏在隔离房间和保险柜内，保险柜应装设双锁，并双人、双账管理，装设电子监控设备，并挂"当心中毒"警示牌	1	查有毒、致癌、挥发性物品安全管理规定				
		2	查有毒、致癌、挥发性物品清单				
		3	查有毒、致癌、挥发性物品定期检查记录				
		4	现场检查				
1.9.7	六氟化硫电气设备室必须装设机械排风装置，其排风机电源开关应设置在门外，排气口距地面高度应小于 0.3m，并装有六氟化硫泄漏报警仪，且电缆沟道必须与其他沟道可靠隔离	1	查六氟化硫电气设备室定期检查记录				
		2	现场检查				
1.9.8	化验人员必须穿专用工作服，必要时戴防护口罩、防护眼镜、防酸（碱）手套、穿橡胶围裙和橡胶鞋。化学实验时，严禁一边作业一边饮（水）食	1	查化学实验室管理规定				
		2	查化验人员培训记录				
		3	查防护用品发放记录				
1.10	防止电力生产交通事故	16					
1.10.1	建立健全交通安全管理规章制度，明确责任，加强交通安全监督及考核。严格执行车辆交通管理规章制度	1	查交通安全管理制度及交通事故应急预案				
		2	查交通违章检查考核记录				
1.10.2	加强对驾驶员的管理和教育，定期组织驾驶员进行安全技术培训，提高驾驶员的安全行车意识和驾驶技术水平，严禁违章驾驶。叉车、翻斗车、起重机，除驾驶员、副驾驶员座位以外，任何位置在行驶中不得有人坐立；起重机、翻斗车在架空高压线附近作业时，必须划定明确的作业范围，并设专人监护	1	查驾驶员定期安全技术培训记录				
		2	查特种车辆安全管理制度				
		3	查特种车辆特殊区域作业安全措施				
		4	现场检查				

编号	条文规定	小项	检查内容	是否符合	评价	检查人	备注
1.10.3	加强对各种车辆维修管理,确保各种车辆的技术状况符合国家规定,安全装置完善可靠。定期对车辆进行检修维护,在行驶前、行驶中、行驶后对安全装置进行检查,发现危及交通安全问题,应及时处理,严禁带病行驶	1	查各种车辆定期检查记录				
		2	查各种车辆检查维修记录				
		3	查各种车辆安全装置专项检查记录				
1.10.4	加强对多种经营企业和外包工程的车辆交通安全管理	1	查外包工程合同涉及的车辆交通安全条款				
		2	查对多种经营企业和外包工程的车辆专项检查记录				
1.10.5	加强大型活动、作业用车和通勤用车管理,制订并落实防止重、特大交通事故的安全措施	1	查防止重、特大交通事故的安全措施(如通勤用车乘客安全告知书、厂区交通标志、人车分离措施、限速措施等)				
		2	查车辆交通安全专项安全检查记录				
1.10.6	大件运输、大件转场应严格履行有关规程规定的程序,应制订搬运方案和专门的安全技术措施,指定有经验的专人负责,事前应对参加工作的全体人员进行全面的安全技术交底	1	查大件运输、搬运方案				
		2	查大件运输、搬运安全技术措施				
		3	查大件运输、搬运安全技术交底				

5 防 止 火 灾 事 故

编号	条文规定	小项	检查内容	是否符合	评价	检查人	备注
2	防止火灾事故	143					
2.1	加强防火组织与消防设施管理	11					
2.1.1	各单位应建立健全防止火灾事故组织机构，健全消防工作制度，落实各级防火责任制，建立火灾隐患排查治理常态机制。配备消防专责人员并建立有效的消防组织网络和训练有素的群众性消防队伍。定期进行全员消防安全培训、开展消防演练和火灾疏散演习。定期开展消防安全检查	1	查是否成立防止火灾事故组织机构。应配备消防专职人员并经消防培训合格				
		2	查消防安全管理制度				
		3	查"春查""秋查""安全月"、季节性检查活动方案和部门及单位检查记录、安全日活动记录、消防演练和火灾疏散演习预案、演练计划、演练记录、活动照片及评估报告				
		4	查消防管理台账				
2.1.2	配备完善的消防设施，定期对各类消防设施进行检查与保养，禁止使用过期和性能不达标消防器材	1	查消防系统设计、验收文件，是否符合国家规定；查现场消防设施管理情况；查消防设施定期检查记录				
2.1.3	消防水系统应同工业水系统分离，以确保消防水量、水压不受其他系统影响；消防设施的备用电源应由保安电源供给，未设置保安电源的应按Ⅱ类负荷供电。消防水系统应定期检查、维护。正常工作状态下，不应将自动喷水灭火系统、防烟排烟系统和联动控制的防火卷帘分隔设施设置在手动控制状态	1	查阅消防水系统运行图纸、记录，确定同工业水系统分离，保护可靠动作；查消防设施的备用电源是否由保安电源供给，未设置保安电源的应按Ⅱ类负荷供电				
		2	查现场展示牌和现场装置运行状态是否在自动状态下运行				
2.1.4	可能产生有毒、有害物质的场所应配备必要的正压式空气呼吸器、防毒面具等防护器材，并应进行使用培训，确保其掌握正确使用方法，以防止人员在灭火中因使用不当中毒或窒息。正压式空气呼吸器和防火服应每月检查一次	1	查劳动防护用品配备情况、管理台账、培训记录；现场检查值班人员是否掌握正压式空气呼吸器正确使用方法				

编号	条文规定	小项	检查内容	是否符合	评价	检查人	备注
2.1.5	检修现场应有完善的防火措施，在禁火区动火应制定动火作业管理制度，严格执行动火工作票制度。变压器现场检修工作期间应有专人值班，不得出现现场无人情况	1	查动火作业管理制度、动火工作票制度；现场检查动火工作票执行情况和值班情况				
2.1.6	电力调度大楼、地下变电站、无人值守变电站应安装火灾自动报警或自动灭火设施，无人值守变电站其火灾报警信号应接入有人监视遥测系统，以便及时发现火警	1	现场检查				
2.1.7	值班人员（含门卫人员）应经专门培训，才能熟练操作厂站内各种消防设施；制订订具有防止消防设施误动、拒动的措施	1	查培训计划、教育培训档案，规程、应急预案中防止消防设施误动、拒动的措施部分				
2.2	防止电缆着火事故	28					
2.2.1	新建、扩建工程中的电缆选择与敷设应按有关规定进行设计。严格按照设计要求完成各项电缆防火措施，并与主体工程同时投产	1	查验收报告、设计图纸				
		2	查现场电缆防火措施				
2.2.2	在密集敷设电缆的主控制室下电缆夹层和电缆沟内，不得布置热力管道、油气管以及其他可能引起着火的管道和设备	1	查验收报告、设计图纸、变更文件				
		2	查现场相应区域设备布置情况				
2.2.3	对于新建、扩建的变电站主控室、火电厂主厂房、输煤、燃油、制氢、氨区及其他易燃易爆场所，应选用阻燃电缆	1	查验收报告、设计图纸，电缆设备变更文件				
		2	现场检查易燃易爆场所是否使用阻燃电缆				
2.2.4	采用排管、电缆沟、隧道、桥梁及桥架敷设的阻燃电缆，其成束阻燃性能不应低于C级。与电力电缆同通道敷设的低压电缆、控制电缆、非阻燃通信光缆等应穿入阻燃管，或采取其他防火隔离措施	1	查验收报告、设计图纸，电缆设备变更文件				
		2	现场检查电缆夹层和电缆沟、槽的防火隔离措施是否符合规范				
2.2.5	严格按正确的设计图册施工，做到布线整齐，同一通道内不同电压等级的电缆，应按照电压等级的高低从下向上排列，分层敷设在电缆支架上。电缆的弯曲半径应符合要求，避免任意交叉并留出足够的人行通道	1	查设计图册；现场检查是否符合要求				

编号	条文规定	小项	检查内容	是否符合	评价	检查人	备注
2.2.6	控制室、开关室、计算机室等通往电缆夹层、隧道、穿越楼板、墙壁、柜、盘等处的所有电缆孔洞和盘面之间的缝隙（含电缆穿墙套管与电缆之间缝隙），必须采用合格的不燃或阻燃材料封堵	1	查产品质量证明文件和进场复验资料、隐蔽验收记录				
		2	现场检查电缆夹层和电缆沟、槽的电缆孔洞和盘面之间的缝隙，应采用合格的不燃或阻燃材料封堵				
2.2.7	非直埋电缆接头的最外层应包覆阻燃材料，充油电缆接头及敷设密集的中压电缆的接头应用耐火防爆槽盒封闭	1	现场检查电缆接头的包覆、封闭情况				
2.2.8	扩建工程敷设电缆时，应与运行单位密切配合，在电缆通道内敷设电缆需经运行部门许可。对贯穿在役变电站或机组产生的电缆孔洞和损伤的阻火墙，应及时恢复封堵，并由运行部门验收	1	查电缆敷设施工验评资料，现场检查电缆孔洞和阻火墙是否及时恢复封堵；查工作许可和运行部门验收记录				
2.2.9	电缆竖井和电缆沟应分段做防火隔离，对敷设在隧道和主控室或厂房内构架上的电缆要采取分段阻燃措施	1	现场检查电缆竖井和电缆沟、槽采取的分段阻燃措施				
2.2.10	应尽量减少电缆中间接头的数量。如需要，应按工艺要求制作安装电缆头，经质量验收合格后，再用耐火防爆槽盒将其封闭。变电站夹层在役接头应逐步移出，电力电缆切改或故障抢修时，应将接头布置在站外的电缆通道内	1	查电缆中间接头制作安装验收记录				
		2	现场检查电缆接头的封闭布置情况				
2.2.11	在电缆通道、夹层内动火作业，应办理动火工作票，并采取可靠的防火措施。在电缆通道、夹层内使用的临时电源，应满足绝缘、防火、防潮要求。工作人员撤离时应立即断开电源	1	查动火作业管理制度关于电缆通道、夹层内动火作业的条款				
		2	现场检查电缆通道、夹层内临时电源，应满足绝缘、防火、防潮要求				
2.2.12	变电站夹层宜安装温度、烟气监视报警器，重要的电缆隧道应安装温度在线监测装置，并应定期传动、检测，确保动作可靠、信号准确	1	温度、烟气监视报警器应检验合格。查运行规程中温度、烟气监视报警器部分，温度在线监测装置传动、运行记录				
		2	现场检查温度、烟气监视在线仪表指示是否准确				

编号	条文规定	小项	检查内容	是否符合	评价	检查人	备注
2.2.13	建立健全电缆维护、检查及防火、报警等各项规章制度。严格按照运行规程规定对电缆夹层、通道进行定期巡检，并检测电缆和接头运行温度，按规定进行预防性试验	1	查相关电缆维护、检查及防火、报警等管理制度，查电缆夹层、通道定期巡检的记录，并检查电缆和接头运行温度管理制度				
		2	查预防性试验记录				
		3	用现场测温仪检查电缆和接头运行温度				
2.2.14	电缆通道、夹层应保持清洁，不积粉尘，不积水，采取安全电压的照明应充足，禁止堆放杂物，并有防火、防水、通风的措施。发电厂锅炉、燃煤储运车间内架空电缆上的粉尘应定期清扫	1	查锅炉、燃煤储运车间内架空电缆上的粉尘应定期清扫的相关管理制度及清扫记录				
		2	现场检查电缆通道、夹层防火、防水、通风的措施				
2.2.15	靠近高温管道、阀门等热体的电缆应有隔热措施，靠近带油设备的电缆沟盖板应密封	1	现场检查靠近高温管道、阀门等热体的电缆，应有隔热措施；靠近带油设备的电缆沟盖板应密封				
2.2.16	发电厂主厂房内架空电缆与热体管路应保持足够的距离，控制电缆不小于0.5m，动力电缆不小于1m	1	现场检查相关距离是否满足要求				
2.2.17	电缆通道临近易燃或腐蚀性介质的存储容器、输送管道时，应加强监视，防止其渗漏进入电缆通道，进而损害电缆或导致火灾	1	现场检查化学腐蚀性介质的存储容器、输送管道附近的电缆通道情况，检查防护措施				
2.3	防止汽轮机油系统着火事故	15					
2.3.1	油系统应尽量避免使用法兰连接，禁止使用铸铁阀门	1	查汽轮机油系统设计文件、验收记录和阀门质量证明文件				
		2	现场检查汽轮机油系统是否使用法兰连接和铸铁阀门				
2.3.2	油系统法兰禁止使用塑料垫、橡皮垫（含耐油橡皮垫）和石棉纸垫	1	查汽轮机油系统设计文件				
		2	查施工记录				
		3	现场检查汽轮机油系统法兰垫片				
2.3.3	油管道法兰、阀门及可能漏油部位附近不准有明火，必须明火作业时要采取有效措施，附近的热力管道或其他热体的保温应紧固完整，并包好铁皮	1	查动火作业管理制度、动火工作票制度				
		2	现场检查				

编号	条文规定	小项	检查内容	是否符合	评价	检查人	备注
2.3.4	禁止在油管道上进行焊接工作。在拆下的油管上进行焊接时，必须事先将管子冲洗干净	1	查动火作业管理制度、交接记录				
		2	现场检查油管焊接前管子冲洗情况				
2.3.5	油管道法兰、阀门及轴承、调速系统等应保持严密不漏油，如有漏油应及时消除，严禁漏油渗透至下部蒸汽管、阀保温层	1	现场检查油管道法兰、阀门及轴承、调速系统等，应保持严密不漏油				
2.3.6	油管道法兰、阀门的周围及下方，如敷设有热力管道或其他热体，这些热体保温必须齐全，保温外面应包铁皮	1	现场检查油管道附近热体保温是否齐全,保温外面应包铁皮				
2.3.7	检修时如发现保温材料内有渗油，应消除漏油点，并更换保温材料	1	现场检查保温材料内渗油情况				
2.3.8	事故排油阀应设两个串联钢质截止阀，其操作手轮应设在距油箱5m 以外的地方，并有两个以上的通道，操作手轮不允许加锁，应挂有明显的"禁止操作"标识牌	1	现场检查是否符合要求				
2.3.9	油管道要保证机组在各种运行工况下自由膨胀，应定期检查和维修油管道支吊架	1	现场检查油管道支吊架				
2.3.10	机组油系统的设备及管道损坏发生漏油，凡不能与系统隔绝处理的或热力管道已渗入油的，应立即停机处理	1	查油系统设备台账和相关运行记录				
2.4	防止燃油罐区及锅炉油系统着火事故	13					
2.4.1	严格执行《电业安全工作规程 第1 部分：热力和机械》（GB 26164.1—2010）中第6 章的有关要求	1	检查规程执行情况				
2.4.2	储油罐或油箱的加热温度必须根据燃油种类严格控制在允许的范围内，加热燃油的蒸汽温度应低于油品的自燃点	1	查运行规程				
		2	查运行加热温度记录台账				
		3	现场检查储油罐或油箱加热器温度上限保护定值				
2.4.3	油区、输卸油管道应有可靠的防静电安全接地装置，并定期测试接地电阻值	1	查运行规程、油区管理制度				
		2	查定期测试接地电阻值台账				
		3	现场检查防静电安全接地装置				

编号	条文规定	小项	检查内容	是否符合	评价	检查人	备注
2.4.4	油区、油库必须有严格的管理制度。油区内明火作业时，必须办理动火工作票，并应有可靠的安全措施。对消防系统应按规定定期进行检查试验	1	查管理制度				
		2	查动火工作票				
		3	查消防系统定期检验台账				
2.4.5	油区内易着火的临时建筑要拆除，禁止存放易燃物品	1	现场检查				
2.4.6	燃油罐区及锅炉油系统的防火还应遵守 2.3.4、2.3.6、2.3.7 的规定	1	现场检查				
2.4.7	燃油系统的软管应定期检查更换	1	现场检查				
2.5	防止制粉系统爆炸事故	6					
2.5.1	严格执行《电业安全工作规程 第1部分：热力和机械》（GB 26164.1—2010）中有关锅炉制粉系统防爆的规定	1	查规程和制度				
		2	现场检查				
2.5.2	及时消除漏粉点，清除漏出的煤粉。清理煤粉时，应杜绝明火	1	现场检查漏粉情况				
		2	检查漏粉清理措施				
2.5.3	磨煤机出口温度和煤粉仓温度应严格控制在规定范围内，出口风温不得超过煤种要求的规定	1	查规程相关内容				
		2	现场检查 DCS 历史曲线				
2.6	防止氢气系统爆炸事故	9					
2.6.1	严格执行《电业安全工作规程 第1部分：热力和机械》（GB 26164.1—2010）中"氢冷设备和制氢、储氢装置运行与维护"的有关规定	1	逐条对照电业安全工作规程中相应部分进行检查				
2.6.2	氢冷系统和制氢设备中的氢气纯度和含氧量必须符合《氢气使用安全技术规程》（GB 4962—2008）	1	查运行规程相关定值规定，现场检查氢气纯度和含氧量化验记录				
2.6.3	在氢站或氢气系统附近进行明火作业时，应有严格的管理制度，并应办理一级动火工作票	1	查运行规程、制度				
		2	查阅运行记录、动火工作票记录				
2.6.4	制氢场所应按规定配备足够的消防器材，并按时检查和试验	1	查运行规程、规定中配备消防器材内容				
		2	现场检查消防器材合格证和检查记录				
2.6.5	密封油系统平衡阀、压差阀必须保证动作灵活、可靠，密封瓦间隙必须调整合格	1	查平衡阀、压差阀试验记录				
		2	现场检查				

续表

编号	条文规定	小项	检查内容	是否符合	评价	检查人	备注
2.6.6	空气、氢气侧各种备用密封油泵应定期进行联动试验	1	查定期试验记录				
2.7	防止输煤皮带着火事故	8					
2.7.1	输煤皮带停止上煤期间，也应坚持巡视检查，发现积煤、积粉应及时清理	1	查运行规程巡视检查规定				
		2	现场检查				
2.7.2	煤垛发生自燃现象时应及时扑灭，不得将带有火种的煤送入输煤皮带	1	查运行规程自燃情况的规定				
		2	现场检查				
2.7.3	燃用易自燃煤种的电厂必须采用阻燃输煤皮带	1	查易自燃煤种输煤皮带的设计文件				
		2	查输煤皮带验收资料				
2.7.4	应经常清扫输煤系统、辅助设备、电缆排架等处的积粉	1	查清扫积粉的管理制度				
		2	现场检查积粉情况				
2.8	防止脱硫系统着火事故	12					
2.8.1	脱硫防腐工程用的原材料应按生产厂家提供的储存、保管、运输特殊技术要求，入库储存分类存放，配置灭火器等消防设备，设置严禁动火标志，在其附近 5m 范围内严禁动火；存放地应采用防爆型电气装置，照明灯具应选用低压防爆型	1	查脱硫防腐工程用的原材料管理制度				
		2	现场检查灭火器配置、采用防爆型电气装置、严禁动火标志等情况				
2.8.2	脱硫原烟道、净烟道、吸收塔、石灰石浆液箱、事故浆液箱、滤液箱、衬胶管、防腐管道（沟）、集水箱区域或系统等动火作业时，必须严格执行动火工作票制度，办理动火工作票	1	查动火作业管理制度				
		2	现场检查动火工作票制度执行情况				
2.8.3	脱硫防腐施工、检修时，检查人员进入现场除按规定着装外，不得穿带有铁钉的鞋子，以防止产生静电引起挥发性气体爆炸；各类火种严禁带入现场	1	查管理制度				
		2	现场检查				
2.8.4	脱硫防腐施工、检修作业区，现场应配备足量的灭火器；防腐施工面积在 $10m^2$ 以上时，防腐现场应接引消防水带，并保证消防水随时可用	1	查管理制度				
		2	现场检查消防设施配备情况，是否保证消防水随时可用				

编号	条文规定	小项	检查内容	是否符合	评价	检查人	备注
2.8.5	脱硫防腐施工、检修作业区 5m 范围设置安全警示牌并布置警戒线，警示牌应挂在显著位置，由专职安全人员现场监督，未经允许不得进入作业场地	1	现场检查隔离措施				
2.8.6	吸收塔和烟道内部防腐施工时，至少应留 2 个以上出入孔，并保持通道畅通；至少应设置 2 台防爆型排风机进行强制通风，作业人员应戴防毒面具	1	现场检查				
2.8.7	脱硫塔安装时，应有完整的施工方案和消防方案，施工人员须接受过专业培训，了解材料的特性，掌握消防灭火技能；施工场所的电线、电动机、配电设备应符合防爆要求；应避免安装和防腐工程同时施工	1	查施工方案、安全技术交底、消防管理制度设计文件、培训记录				
		2	现场检查				
2.9	防止氨系统着火爆炸事故	12					
2.9.1	健全和完善氨制冷和脱硝氨系统运行与维护规程	1	查运行、维护规程，氨区管理制度，消防安全管理制度				
2.9.2	进入氨区，严禁携带手机、火种，严禁穿带铁掌的鞋，并在进入氨区前进行静电释放	1	查氨区管理制度、消防安全管理制度				
		2	现场检查				
2.9.3	氨压缩机房和设备间应使用防爆型电气设备，通风、照明良好	1	查设备型号是否为防爆型电器设备				
		2	现场检查				
2.9.4	液氨设备、系统的布置应便于操作、通风和事故处理，同时必须留有足够宽度的操作空间和安全疏散通道	1	现场检查				
2.9.5	在正常运行中会产生火花的氨压缩机启动控制设备、氨泵及空气冷却器（冷风机）等动力装置的启动控制设备，不应布置在氨压缩机房中。库房温度遥测、记录仪表等不宜布置在氨压缩机房内	1	现场检查				
2.9.6	在氨罐区或氨系统附近进行明火作业时，必须严格执行动火工作票制度，办理动火工作票；氨系统动火作业前、后应置换排放合格；动火结束后，及时清理火种。氨区内严禁明火采暖	1	现场检查				

编号	条文规定	小项	检查内容	是否符合	评价	检查人	备注
2.9.7	氨储罐区及使用场所，应按规定配备足够的消防器材、氨泄漏检测器和视频监控系统，并按时检查和试验	1	查运行、维护规程，氨区管理制度，消防安全管理制度				
		2	查定期试验记录				
		3	现场检查				
2.9.8	氨储罐的新建、改建和扩建工程项目应进行安全性评价，其防火、防爆设施应与主体工程同时设计、同时施工、同时验收投产	1	查相关安全性评价报告、投产文件，履行备案手续				
2.10	防止天然气系统着火爆炸事故	29					
2.10.1	天然气系统的设计和防火间距应符合《石油天然气工程设计防火规范》（GB 50183—2004）的规定	1	对照规范中相应部分检查				
2.10.2	天然气系统的新建、改建和扩建工程项目应进行安全评价，其防火、防爆设施应与主体工程同时设计、同时施工、同时验收投产	1	查相关安全性评价报告、竣工投产验收文件				
2.10.3	天然气系统区域应建立严格的防火防爆制度，生产区与办公区应有明显的分界标志，并设有"严禁烟火"等醒目的防火标志	1	查运行、消防安全管理制度				
		2	现场检查分界标志、防火标识				
2.10.4	天然气爆炸危险区域，应按《石油天然气工程可燃气体检测报警系统安全技术规范》（SY 6503—2008）的规定安装、使用可燃气体检测报警器	1	查运行、消防安全管理制度，可燃气体检测报警器与定期试验记录				
		2	现场检查报警器				
2.10.5	应定期对天然气系统进行火灾、爆炸风险评估，对可能出现的危险及影响制定和落实风险削减措施，并应有完善的防火、防爆应急救援预案	1	查消防安全管理制度、定期风险评估报告、风险削减临时措施文件、应急救援预案				
2.10.6	天然气系统的压力容器使用管理应按《特种设备安全监察条例》（国务院令第549号）的规定执行	1	逐条对照《特种设备安全监察条例》中相应部分检查				
2.10.7	天然气系统中设置的安全阀，应做到启闭灵敏，每年至少委托有资格的检验机构检验、校验一次。压力表等其他安全附件应按其规定的检验周期定期进行校验	1	查安全阀、压力表定期检验规定文件和检验报告				

编号	条文规定	小项	检查内容	是否符合	评价	检查人	备注
2.10.8	在天然气管道中心两侧各5m范围内，严禁取土、挖塘、修建渠、修建养殖水场、排放腐蚀性物质、堆放大宗物资、采石、建温室、垒家畜棚圈、修筑其他建筑（构）物或者种植深根植物，在天然气管道中心两侧或者管道设施场区外各50m范围内，严禁爆破、开山和修建大型建（构）筑物	1	现场检查				
2.10.9	天然气爆炸危险区域内的设施应采用防爆电器，其选型、安装和电气线路的布置应按《爆炸和火灾危险环境电力装置设计规范》（GB 50058）执行，爆炸危险区域内的等级范围划分应符合《石油设施电器装置场所分类》（SY/T 0025）的规定	1	查运行、消防管理制度和设计图纸				
		2	现场检查				
2.10.10	天然气区域应有防止静电荷产生和集聚的措施，并设有可靠的防静电接地装置	1	查运行、消防管理制度				
		2	现场检查防静电措施				
2.10.11	天然气区域的设施应有可靠的防雷装置，防雷装置每年应进行两次监测（其中在雷雨季节前监测一次），接地电阻不应大于10Ω	1	查运行、消防管理制度的防雷管理部分，查防雷装置定期检查报告				
		2	现场检查防雷装置				
2.10.12	连接管道的法兰连接处，应设金属跨接线（绝缘管道除外），当法兰用5副以上的螺栓连接时，法兰可不用金属线跨接，但必须构成电气通路	1	现场检查				
2.10.13	在天然气易燃易爆区域内进行作业时，应使用防爆工具，并穿戴防静电服和不带铁掌的工鞋。禁止使用手机等非防爆通信工具	1	查运行、检修、消防管理制度				
		2	现场检查				
2.10.14	机动车辆进入天然气系统区域，排气管应带阻火器	1	查运行、消防管理制度				
		2	现场检查机动车辆进入管理情况				
2.10.15	天然气区域内不应使用汽油、轻质油、苯类溶剂等擦地面、设备和衣物	1	查运行、消防管理制度				
		2	现场检查使用易燃品情况				
2.10.16	天然气区域需要进行动火、动土、进入有限空间等特殊作业时，应按照作业许可的规定，办理作业许可	1	查运行、消防管理制度的作业许可管理部分				
		2	现场检查作业许可情况				

编号	条文规定	小项	检查内容	是否符合	评价	检查人	备注
2.10.17	天然气区域应做到无油污、无杂草、无易燃易爆物，生产设施做到不漏油、不漏气、不漏电、不漏火	1	查运行、消防管理制度				
		2	检查天然气区域现场				
2.10.18	应配置专职的消防队（站）人员、车辆和装备，并符合国家和行业的标准要求，制定灭火救援预案，定期演练	1	查消防管理制度、应急预案、人资岗位设置文件、定期演练记录				
2.10.19	发生火灾、爆炸后，事故有继续扩大蔓延的态势时，火场指挥部应及时采取安全警戒措施，果断下达撤退命令，在确保人员、设备、物资安全的前提下，采取相应的措施	1	查消防管理制度、应急预案				

6　防止电气误操作事故

编号	条文规定	小项	检查内容	是否符合	评价	检查人	备注
3	防止电气误操作事故	27					
3.1	严格执行操作票、工作票制度，并使"两票"制度标准化，管理规范化	1	检查是否制定了两票管理制度				
		2	检查操作票和工作票的执行情况				
		3	检查工作票签发人、工作负责人、工作许可人资格文件				
3.2	严格执行调度指令。当操作中产生疑问时，应立即停止操作，向值班调度员或值班负责人报告，并禁止单人滞留在操作现场，待值班调度员或值班负责人再行许可后，方可进行操作。不准擅自更改操作票，不准随意解除闭锁装置	1	检查运行规程中是否包含倒闸操作管理内容				
		2	询问运行当班主控、副控值班员对倒闸操作要求的认知程度				
3.3	应制定和完善防误装置的运行规程及检修规程，加强防误闭锁装置的运行、维护管理，确保防误闭锁装置正常运行	1	检查运行规程中是否有防误闭锁装置的操作规定				
		2	检查防误闭锁装置检修维护规程及校验记录				
		3	检查运行现场是否存放齐全的防误闭锁装置电气二次图纸				
3.4	建立完善的解锁工具（钥匙）使用和管理制度。防误闭锁装置不能随意退出运行，停用防误闭锁装置时应经本单位分管生产的行政副职或总工程师批准；短时间退出防误闭锁装置应经变电站站长、操作或运维队长、发电厂当班值长批准，实行双重监护后实施，并应按程序尽快投入运行	1	检查防误闭锁装置管理规定				
		2	检查防误闭锁装置停用记录是否经相关领导同意后进行（短时退出防误闭锁装置时应经值长同意）				
		3	检查现场是否存放防误闭锁装置的解锁工具（钥匙）使用登记记录				
		4	询问当班运行人员是否掌握防误闭锁装置的规定和操作方法				
3.5	采用计算机监控系统时，远方、就地操作均应具备防止误操作闭锁功能	1	检查调试记录中防误操作闭锁功能是否正确				
		2	现场检查防误操作闭锁装置的配置情况				

编号	条文规定	小项	检查内容	是否符合	评价	检查人	备注
3.6	断路器或隔离开关电气闭锁回路不应设重动继电器类元器件,应直接用断路器或隔离开关的辅助触点;操作断路器或隔离开关时,应确保待操作断路器或隔离开关位置正确,并以现场实际状态为准	1	检查电气二次图纸:断路器、隔离开关闭锁回路是否使用重动继电器类元器件				
		2	检查断路器或隔离开关远方和就地的位置指示是否一致				
3.8	新建、扩建的发、变电工程或主设备经技术改造后,防误闭锁装置应与主设备同时投运	1	检查项目设计方案应包含防误闭锁装置内容				
		2	检查主设备与防误闭锁装置同时投运验收记录				
3.9	同一集控站范围内应选用同一类型的微机防误系统,以保证集控主站和受控子站之间的"五防"信息能够互联互通、"五防"功能相互配合	1	检查同一集控站范围内的微机防误系统是否选用同一类型				
3.10	微机防误闭锁装置电源应与继电保护及控制回路电源独立,微机防误装置主机应由不间断电源供电	1	检查设计图纸:微机防误闭锁装置电源与继电保护及控制回路电源是否独立,微机防误装置主机是否由不间断电源供电				
		2	现场检查微机防误闭锁装置的电源是否与图纸一致				
3.11	成套高压开关柜、成套六氟化硫(SF$_6$)组合电器(GIS/PASS/HGIS)"五防"功能应齐全、性能良好,并与线路侧接地开关实行联锁	1	检查成套组合电器厂家说明书及"五防"功能调试记录				
		2	检查是否与线路侧接地开关实行联锁				
3.12	应配备充足的经国家认证的质检机构检测合格的安全工作器具和安全防护用具。为防止误登室外带电设备,宜采用全封闭(包括网状等)的检修临时围栏	1	检查安全工作器具和安全防护用具的台账及检验周期				
		2	检查安全工作器具和安全防护用具是否有合格证				
3.13	强化岗位培训,使运维检修人员、调控监控人员等熟练掌握防误装置及操作技能	1	检查是否制定年度防误装置培训计划,培训记录及培训人员清册				
		2	询问当班运行人员是否掌握防误闭锁装置的规定和操作方法				

7 防止系统稳定性破坏事故

编号	条文规定	小项	检查内容	是否符合	评价	检查人	备注
4	防止系统稳定性破坏事故	31					
4.1	电源	9					
4.1.2	发电厂宜根据布局、装机容量以及所起的作用,接入相应电压等级,并综合考虑地区受电需求、地区电压及动态无功支撑需求、相关政策等影响	1	检查可行性研究报告中发电厂电压等级的接入是否考虑发电厂布局、装机容量、所起的作用、地区受电需求、地区电压及动态无功支撑需求、相关政策等				
4.1.3	发电厂的升压站不应作为系统枢纽站,也不应装设构成电磁环网的联络变压器	1	检查升压站是否作为系统枢纽站,检查是否装设构成电磁环网的联络变压器				
4.1.5	对于点对网、大电源远距离外送等有特殊稳定要求的情况,应开展励磁系统对电网影响等专题研究,研究结果用于指导励磁系统的选型	1	检查是否进行过励磁系统对电网影响的专题研究,并用于指导励磁系统的选型				
4.1.6	并网电厂机组投入运行时,相关继电保护、安全自动装置等稳定措施、一次调频、电力系统稳定器(PSS)、自动发电控制(AGC)、自动电压控制(AVC)等自动调整措施和电力专用通信配套设施等应同时投入运行	1	检查相关设备的调试记录				
		2	检查相应设备是否投入使用				
4.1.8	并网电厂发电机组配置的频率异常、低励限制、定子过电压、定子低电压、失磁、失步等涉网保护定值应满足电力系统安全稳定运行的要求	1	检查发电机涉网保护整定计算报告				
		2	检查发电机涉网保护的定值设置是否与定值单一致				
4.1.9	加强并网发电机组涉及电网安全稳定运行的励磁系统及电力系统稳定器和调速系统的运行管理,其性能、参数设置、设备投停等应满足接入电网安全稳定运行要求	1	检查励磁设备的涉网试验报告				
		2	检查励磁设备的参数设置、投停设置等是否与定值单一致				

编号	条文规定	小项	检查内容	是否符合	评价	检查人	备注
4.2	网架结构	2					
4.2.11	加强开关设备的运行维护和检修管理，确保能够快速、可靠地切除故障	1	检查开关设备的运行维护是否符合国家行业规范和产品说明书的要求				
4.2.12	根据电网发展适时编制或调整"黑启动"方案及调度实施方案，并落实到电网、发电各单位	1	检查发电厂是否按照调度要求落实"黑启动"预案				
4.3	稳定分析及管理	2					
4.3.5	严格执行相关规定，进行必要的计算分析，制订详细的基建投产启动方案。必要时应开展电网相关适应性专题分析	1	检查是否制订基建投产启动方案				
4.3.7	加强有关计算模型、参数的研究和实测工作，并据此建立系统计算的各种元件、控制装置及负荷的模型和参数。并网发电机组的保护定值必须满足电力系统安全稳定运行的要求	1	检查涉网保护定值是否由电网侧提供并执行				
4.4	二次系统	12					
4.4.2	稳定控制措施设计应与系统设计同时完成。合理设计稳定控制措施和失步、低频、低压等解列措施，合理、足量地设计和实施高频切机、低频减负荷及低压减负荷方案		检查是否制定稳定控制措施和失步、低频、低压等解列措施				
		2	检查是否制定高频切机、低频减负荷及低压减负荷预案				
4.4.3	加强 110kV 及以上电压等级母线、220kV 及以上电压等级主设备快速保护建设	1	检查 110kV 及以上电压等级母线快速保护配置是否满足规程要求				
		2	检查 220kV 及以上电压等级主设备快速保护配置是否满足规程要求				
4.4.4	一次设备投入运行时，相关继电保护、安全自动装置、稳定措施、自动化系统、故障信息系统和电力专用通信配套设施等应同时投入运行	1	检查相应设备调试报告和试验记录				
		2	现场检查相应设备是否投入使用				
4.4.6	严把工程投产验收关，专业人员应全程参与基建和技改工程验收工作	1	检查工程投产前应有专业人员验收签字				
		2	检查投产验收资料是否符合规范要求				

编号	条文规定	小项	检查内容	是否符合	评价	检查人	备注
4.4.7	调度机构应根据电网的变化情况及时地分析、调整各种安全自动装置的配置或整定值,并按照有关规程规定每年下达低频低压减载方案,及时跟踪负荷变化,细致分析低频减载实测容量,定期核查、统计、分析各种安全自动装置的运行情况。各运行维护单位应加强检修管理和运行维护工作,防止电网事故情况下装置出现拒动、误动	1	检查安全自动装置调试报告和试验报告				
		2	检查是否定期巡视、维护				
4.4.8	加强继电保护运行维护,正常运行时,严禁220kV及以上电压等级线路、变压器等设备无快速保护运行	1	现场检查相应保护装置投运情况				
4.4.9	母线差动保护临时退出时,应尽量减少无母线差动保护运行时间,并严格限制母线及相关元件的倒闸操作	1	检查运行规程要求				
4.5	无功电压	6					
4.5.4	提高无功电压自动控制水平,推广应用自动电压控制系统	1	检查是否配置自动电压控制系统				
4.5.5	并入电网的发电机组应具备满负荷时功率因数在 0.9(滞相)~0.97(进相)运行的能力,新建机组应满足进相0.95运行的能力。在电网薄弱地区或对动态无功有特殊需求的地区,发电机组具备满负荷滞相0.85的运行能力。发电机自带厂用电运行时,进相能力不应低于0.97	1	检查发电机技术规范书中的参数是否满足此项要求				
		2	检查发电机进相试验报告是否满足要求				
4.5.9	电网局部电压发生偏差时,应首先调整该局部厂站的无功出力,改变该点的无功平衡水平。当母线电压低于调度部门下达的电压曲线下限时,应闭锁接于该母线有载调压变压器分接头的调整	1	检查 AVC 装置的调试记录				
		2	检查 AVC 装置的定值是否在调度机构下发的限值之内				
4.5.10	发电厂、变电站电压和能量管理系统(EMS)应保证有关测量数据的准确性。中枢点电压超出电压合格范围时,必须及时向运行人员告警	1	检查电能计量装置的检验报告,检查设备具有告警功能				

8 防止机网协调及风电大面积脱网事故

编号	条文规定	小项	检查内容	是否符合	评价	检查人	备注
5	防止机网协调事故	49					
5.1.1	各发电企业（厂）应重视和完善与电网运行关系密切的保护装置选型、配置，在保证主设备安全的情况下，还必须满足电网安全运行的要求	1	检查保护装置选型、配置是否满足主设备安全要求				
		2	检查现场保护装置配置是否满足电网安全运行要求				
5.1.2	发电机励磁调节器（包括电力系统稳定器）须经认证的检测中心的入网检测合格，挂网试运行半年以上，形成入网励磁调节器软件版本，才能进入电网运行	1	检查励磁调节器生产厂家资质是否符合电网要求				
		2	检查发电机励磁调节器、电力系统稳定器试验报告是否满足要求				
5.1.3	根据电网安全稳定运行的需要，200MW 及以上容量的火力发电机组和 50MW 及以上容量的水轮发电机组，或接入 220kV 电压等级及以上的同步发电机组应配置电力系统稳定器	1	检查电力系统稳定器是否按照规程配置				
		2	检查现场电力系统稳定器是否投入运行				
5.1.4	发电机应具备进相运行能力。100MW 及以上火电机组在额定出力时，功率因数应能达到−0.97～−0.95。励磁系统应采用可以在线调整低励限制的微机励磁装置	1	检查发电机出厂报告是否具备进相运行能力，进相能力是否满足上述要求				
		2	检查微机励磁装置是否可以在线调整低励限制				
5.1.5	新投产的大型汽轮发电机应具有一定的耐受带励磁失步振荡的能力。发电机失步保护应考虑既要防止发电机损坏又要减小失步对系统和用户造成的危害。为防止失步故障扩大为电网事故，应当为发电机解列设置一定的时间延迟，使电网和发电机具有重新恢复同步的可能性	1	检查发电机组是否具有一定的耐受带励磁失步振荡的能力				
		2	检查发电机失步保护定值是否满足规程要求				
5.1.6	为防止频率异常时发生电网崩溃事故，发电机组应具有必要的频率异常运行能力。正常运行情况下，汽轮发电机组频率异常允许运行时间应满足表 5-1 的要求	1	检查发电机组是否具有一定的频率异常运行的能力				
		2	检查发电机频率保护定值是否满足规程要求				

编号	条文规定	小项	检查内容	是否符合	评价	检查人	备注
5.1.7	发电机励磁系统应具备一定过负荷能力	3					
5.1.7.1	励磁系统应保证发电机励磁电流不超过其额定值的1.1倍时能够连续运行	1	检查励磁装置和发变组保护装置定值是否满足发电机励磁电流不超过其额定值的1.1倍时能够连续运行的要求				
5.1.7.2	励磁系统强励电压倍数一般为2倍，强励电流倍数等于2，允许持续强励时间不低于10s	1	检查励磁装置内参数是否满足要求				
		2	检查励磁系统调试报告中强励试验的试验情况				
5.1.8	发电厂应准确掌握有串联补偿电容器送出线路以及送出线路与直流换流站相连的汽轮发电机组轴系扭转振动频率，并做好抑制和预防机组次同步谐振或振荡措施，同时应装设机组轴系扭振保护装置，协助电力调度部门共同防止次同步谐振或振荡	1	检查有相应情形的发电厂是否装设机组轴系扭振保护装置				
5.1.9	机组并网调试前3个月，发电厂应向相应调度部门提供电网计算分析所需的主设备（发电机、变压器等）参数、二次设备（电流互感器、电压互感器）参数及保护装置技术资料，以及励磁系统（包括电力系统稳定器）、调速系统技术资料（包括原理及传递函数框图）等	1	检查报送调度部门的资料				
5.1.10	发电厂应根据有关调度部门电网稳定计算分析要求，开展励磁系统（包括电力系统稳定器）、调速系统、原动机的建模及参数实测工作，实测建模报告需通过有资质试验单位的审核，并将试验报告报有关调度部门	1	检查涉网试验单位是否具有相关资质				
		2	检查涉网试验报告				
5.1.12	发电机励磁系统正常应投入发电机自动电压调节器（机端电压恒定的控制方式）运行，电力系统稳定器正常必须置入投运状态，励磁系统（包括电力系统稳定器）的整定参数应适应跨区交流互联电网不同联网方式运行要求，对0.1～2.0Hz系统振荡频率范围的低频振荡模式应能提供正阻尼	3					

编号	条文规定	小项	检查内容	是否符合	评价	检查人	备注
5.1.12.1	利用自动电压控制系统对发电机调压时，受控机组励磁系统应投入自动电压调节器	1	检查发电机自动电压调节器是否投入				
5.1.12.2	励磁系统应具有无功调差环节和合理的无功调差系数。接入同一母线的发电机的无功调差系数应基本一致。励磁系统无功调差功能应投入运行	1	检查接入同一母线的发电机无功调差系数是否一致				
		2	检查励磁系统无功调差功能是否投入				
5.1.13	200MW 及以上并网机组的高频率、低频率保护，过电压、低电压保护，过励磁保护，失磁保护，失步保护，阻抗保护及振荡解列装置、发电机励磁系统（包括电力系统稳定器）等设备（保护）定值必须报有关调度部门备案	5	检查上述定值是否报送调度部门备案				
5.1.13.1	自动励磁调节器的过励限制和过励保护的定值应在制造厂给定的容许值内，并与相应的机组保护在定值上配合，且定期校验	1	检查自动励磁调节器的过励限制和过励保护的定值是否在制造厂给定的容许值内				
		2	检查自动励磁调节器的过励限制和过励保护与机组保护在定值上是否配合				
5.1.13.2	励磁变压器保护定值应与励磁系统强励能力相配合，防止机组强励时保护误动作	1	检查励磁变压器保护定值与强励系统强励能力是否配合				
5.1.13.3	励磁系统 V/Hz 限制应与发电机或变压器的过激磁保护定值相配合，一般具有反时限和定时限特性。实际配置中，可以选择反时限或定时限特性中的一种。应结合机组检修定期检查限制动作定值	1	检查励磁系统 V/Hz 限制应与发电机或变压器的过激磁保护定值是否配合				
5.1.13.4	励磁系统如设有定子过压限制环节，应与发电机过压保护定值相配合，该限制环节应在机组保护之前动作	1	检查励磁系统定子过压限制环节定值应与发电机过压保护定值是否配合				
5.1.14	电网低频减载装置的配置和整定，应保证系统频率动态特性的低频持续时间符合相关规定，并有一定裕度。发电机组低频保护定值可按汽轮机和发电机制造厂有关规定进行整定，低频保护定值应低于系统低频减载的最低一级定值，机组低电压保护定值应低于系统（或所在地区）低压减载的最低一级定值	1	检查电网低频减载装置的配置和整定是否符合相关规定				
		2	发电机的低频保护定值是否符合上述规定				

编号	条文规定	小项	检查内容	是否符合	评价	检查人	备注
5.1.15	发电机组一次调频运行管理	5					
5.1.15.1	并网发电机组的一次调频功能参数应按照电网运行的要求进行整定，一次调频功能应按照电网有关规定投入运行	1	检查一次调频功能动作参数是否按照要求进行整定				
		2	现场检查调频功能是否按照规定投入运行				
5.1.15.2	新投产机组和在役机组大修、通流改造、数字电液控制系统（DEH）或分散控制系统（DCS）改造及运行方式改变后，发电厂应向相应调度部门交付由技术监督部门或有资质的试验单位完成的一次调频性能试验报告，以确保机组一次调频功能长期安全、稳定运行	1	检查一次调频试验单位是否具备相应资质				
		2	检查一次调频试验报告				
5.1.15.3	发电机组调速系统中的汽轮机调门特性参数应与一次调频功能和自动发电控制调度方式相匹配。在阀门大修后或发现两者不匹配时，应进行汽轮机调门特性参数测试及优化整定，确保机组参与电网调峰调频的安全性	1	检查发电机组调速系统中的汽轮机调门特性参数与一次调频功能和自动发电控制调度方式是否匹配				
5.1.16	发电机组进相运行管理	5					
5.1.16.1	发电厂应根据发电机进相试验绘制指导实际进相运行的 $P\text{-}Q$ 图，编制相应的进相运行规程，并根据电网调度部门的要求进相运行。发电机应能监视双向无功功率和功率因数。根据可能的进相深度，当静稳定成为限制进相因素时，应监视发电机功率因数角进相运行	1	检查电厂是否根据发电机进相试验绘制 $P\text{-}Q$ 图				
		2	检查电厂运行规程是否有进相运行规定				
5.1.16.2	并网发电机组的低励限制辅助环节功能参数应按照电网运行的要求进行整定和试验，与电压控制主环合理配合，确保在低励限制动作后发电机组稳定运行	1	检查低励限制辅助环节是否按要求进行整定				
		2	检查低励限制辅助环节是否按要求进行试验				
5.1.16.3	低励限制定值应考虑发电机电压影响并与发电机失磁保护相配合，应在发电机失磁保护之前动作。应结合机组检修定期检查限制器动作定值	1	检查低励限制定值与发电机失磁保护定值是否配合				
5.1.17	加强发电机组自动发电控制运行管理	3					

编号	条文规定	小项	检查内容	是否符合	评价	检查人	备注
5.1.17.1	单机300MW及以上的机组和具备条件的单机容量200MW及以上机组，根据所在电网要求，都应参加电网自动发电控制运行	1	现场机组是否具备自动发电控制功能				
		2	检查AGC是否投运				
5.1.17.2	发电机组自动发电控制的性能指标应满足接入电网的相关规定和要求	1	现场检查AGC运行响应速度满足电网要求				
5.1.18	发电厂应制订完备的发电机带励磁失步振荡故障的应急措施，并按有关规定做好保护定值整定	2					
5.1.18.1	当失步振荡中心在发电机—变压器组内部时，应立即解列发电机	1	检查失步保护定值是否符合规程要求				
5.1.18.2	当发电机电流低于三相出口短路电流的60%～70%时（通常振荡中心在发电机—变压器组外部），发电机组应允许失步运行5～20个振荡周期。此时，应立即增加发电机励磁，同时减少有功负荷，切换厂用电，延迟一定时间，争取恢复同步	1	检查失步保护定值是否符合规程要求				
5.1.19	发电机失磁异步运行	4					
5.1.19.1	严格控制发电机组失磁异步运行的时间和运行条件。根据国家有关标准规定，不考虑对电网的影响时，汽轮发电机应具有一定的失磁异步运行能力，但只能维持发电机失磁后短时运行，此时必须快速降负荷。若在规定的短时运行时间内不能恢复励磁，则机组应与系统解列	1	检查失磁保护定值是否符合规程要求				
		2	检查运行规程中是否有失磁异步运行处理的规定				
5.1.19.2	发电机失去励磁后是否允许机组快速减负荷并短时运行，应结合电网和机组的实际情况综合考虑。如电网不允许发电机无励磁运行，当发电机失去励磁且失磁保护未动作时，应立即将发电机解列	1	检查失磁保护定值是否符合规程要求				
		2	检查运行规程中是否有失磁异步运行处理的规定				
5.1.20	电网发生事故引起发电厂高压母线电压、频率等异常时，电厂重要辅机保护不应先于主机保护动作，以免切除辅机造成发电机组停运	1	检查电网发生事故引起发电厂高压母线电压、频率等异常时，电厂重要辅机保护定值与主机保护定值是否配合				

9 防止锅炉事故

编号	条文规定	小项	检查内容	是否符合	评价	检查人	备注
6	防止锅炉事故	290					
6.1	防止锅炉尾部再次燃烧事故	63					
6.1.1	防止回转式空气预热器转子蓄热元件发生再次燃烧事故，防止脱硝装置的催化元件部位、电除尘器及其干除灰系统以及锅炉底部干除渣系统的再次燃烧事故	1	查规程相关部分				
6.1.2	在锅炉机组设计选型阶段，必须保证回转式空气预热器本身及其辅助系统设计合理、配套齐全，必须保证回转式空气预热器在运行中有完善的监控和防止再次燃烧事故的手段	10	查设备配置				
6.1.2.1	回转式空气预热器应设有独立的主辅电机、盘车装置、火灾报警装置，以及出入口烟风气挡板及其相应的联锁保护	1	在锅炉设备招标文件中明确此项要求，并严格履行设备出厂验收手续				
		2	现场检查，确认系统配备独立的主辅电机、盘车装置、火灾报警装置及出入口烟风气挡板				
		3	查 DCS 逻辑组态中有该联锁。查空气预热器喷淋装置试验记录、运行状态记录和日常维护				
6.1.2.2	回转式空气预热器应设有可靠的停转报警装置，停转报警信号应取自空气预热器的主轴信号，而不能取自空气预热器的电动机信号	1	查现场设备及热工逻辑图纸，重点查空气预热器状态的判断逻辑，确认配备停转报警装置				
		2	查停转报警信号就地装置及热控表柜，检查热控接入点及信号源位置是否正确				

40

编号	条文规定	小项	检查内容	是否符合	评价	检查人	备注
6.1.2.3	回转式空气预热器应有相配套的水冲洗系统,不论是采用固定式或者移动式水冲洗系统,设备性能都必须满足冲洗工艺要求,电厂必须配套制定出具体的水冲洗制度和水冲洗措施,并严格执行	1	查现场设备,确认采用固定式水冲洗系统的管道连接完整,满足要求				
		2	查阅水冲洗制度及措施是否完善,查 DCS 历史趋势,确认冲洗后空气预热器投运时烟风阻力符合设计要求				
6.1.2.4	回转式空气预热器应设有完善的消防系统,在空气及烟气侧应装设消防水喷淋水管,喷淋面积应覆盖整个受热面。如采用蒸汽消防系统,其汽源要与空气预热器蒸汽吹灰系统相连接,以保证热态需要时随时可投入蒸汽进行隔绝空气式消防	1	查回转式空气预热器设计安装图纸,确认消防喷淋面积覆盖整个受热面				
		2	现场检查				
6.1.2.5	回转式空气预热器应设计配套有完善合理的吹灰系统。蒸汽吹灰汽源的选取,必须能够满足机组启动和低负荷运行期间的吹灰需要,疏水设计合理。冷热端均应设有吹灰器	1	查现场设备及吹灰系统图纸,确认空气预热器冷热端均设有吹灰器,吹灰汽源考虑机组启动及低负荷运行期间需要,吹灰管道及阀门正常,疏水去向及疏水阀门正常				
6.1.3	锅炉设计和改造时,必须高度重视油枪、小油枪、等离子燃烧器等锅炉点火、助燃系统和设备的适应性与完善性	9					
6.1.3.1	在锅炉设计与改造中,加强选型等前期工作,保证油燃烧器的出力、雾化质量和配风相匹配	1	查锅炉设计和设备选型文件,油燃烧器的出力、雾化质量和配风匹配情况				
		2	查图纸,确认启动油枪、点火油枪、小油枪、等离子燃烧器的设备、系统的完整性,系统有空气过滤、进回油快关阀、手动阀门等设备				
		3	查规程、设备说明书,确认油燃烧器的参数:出力、压力等参数,满足助燃出力需要				
6.1.3.2	无论是煤粉锅炉的油燃烧器还是循环流化床锅炉的风道燃烧器,都必须配有配风器,以保证油枪点火可靠、着火稳定、燃烧完全	1	查规程及系统图纸,确认配风系统参数符合油枪助燃要求				
6.1.3.3	对于循环流化床锅炉,油燃烧器出口必须设计足够的油燃烧空间,保证油进入炉膛前能够完全燃烧	2	查图纸				

编号	条文规定	小项	检查内容	是否符合	评价	检查人	备注
6.1.3.4	锅炉采用少油/无油点火技术进行设计和改造时,必须充分把握燃用煤质特性,保证小油枪设备可靠、出力合理,保证等离子发生装置功率与燃用煤质、等离子燃烧器和炉内整体空气动力场的匹配性,以保证锅炉少油/无油点火的可靠性和锅炉启动初期的燃尽率,以及整体性能	1	查少油/无油点火设备说明书或规程,确认燃用煤质(挥发分、热值)符合少油/无油点火装置要求,检查小油枪配风要求				
		2	查冷态动力场试验报告,确认少油/无油点火运转层不影响相邻层或相对喷嘴的正常燃烧				
		3	查启动记录,确认启动点火初期热风温度、投煤量按照规程及少油/无油点火设备说明书进行				
6.1.3.5	所有燃烧器均应设计有完善可靠的火焰监测保护系统	1	查就地设备及热控保护逻辑,确认所有燃烧器均有完善可靠的火焰监测保护系统				
6.1.4	回转式空气预热器在制造等阶段必须采取正确的保管方式,应进行监造	2					
6.1.4.1	锅炉空气预热器的传热元件在出厂和安装保管期间不得采用浸油防腐方式	1	查监造日志和到厂记录,确认波纹板及密封板材符合要求,出厂和安装保管期间未采用浸油防腐方式				
6.1.4.2	在设备制造过程中,应重视回转式空气预热器着火报警系统测点元件的检查和验收	2	查监造日志及着火报警系统图纸,确认回转式空气预热器着火报警系统测点元件进行了预备试验				
6.1.5	必须充分重视回转式空气预热器辅助设备及系统的可靠性和可用性。新建机组基建调试和机组检修期间,必须按照要求完成相关系统与设备的传动检查和试运工作,以保证设备与系统可用,联锁保护动作正确	5					
6.1.5.1	机组基建、调试阶段和检修期间应重视空气预热器的全面检查和资料审查,重点包括空气预热器的热控逻辑、吹灰系统、水冲洗系统、消防系统、停转保护、报警系统及隔离挡板等	1	查系统图纸,确认系统的完整性:配备空气预热器吹灰系统、水冲洗系统、消防系统、停转保护、报警系统及隔离挡板等				

编号	条文规定	小项	检查内容	是否符合	评价	检查人	备注
6.1.5.2	机组基建调试前期和启动前，必须做好吹灰系统、冲洗系统、消防系统的调试、消缺和维护工作，应检查吹灰、冲洗、消防行程、喷头是否有死角、是否有堵塞问题，并及时处理。有关空气预热器的所有系统都必须在锅炉点火前达到投运状态	1	查安装记录及调试记录，确认空气预热器涉及所有系统完成安装调试工作				
		2	查安装记录，检查是否进行了设备的传动试验及吹灰、冲洗水、消防水试验及转子试转				
6.1.5.3	基建机组首次点火前或空气预热器检修后应逐项检查传动火灾报警测点和系统，确保火灾报警系统正常投运	1	查安装和单体调试记录，查测点清单及联锁保护记录，确认进行了火灾报警测点的传动和系统的逻辑确认调试				
6.1.5.4	基建调试或机组检修期间应进入烟道内部，仔细检查、传动空气预热器各烟风挡板，确保动作灵活，关闭严密，能起到隔绝作用	1	查调试记录，确认空气预热器各烟风挡板开关方向正确、动作灵活，关闭严密				
6.1.6	机组启动前要严格执行验收和检查工作，保证空气预热器和烟风系统干净无杂物、无堵塞	2					
6.1.6.1	空气预热器在安装后第一次投运时，应将杂物彻底清理干净，蓄热元件必须进行全面的通透性检查，经制造、施工、建设、生产等各方验收合格后方可投入运行	1	查设备验收检查表，确认进行空气预热器清理检查，并经各方签字确认				
6.1.6.2	基建或检修期间，在炉膛或者烟风道内进行工作后，必须彻底检查清理炉膛、风道和烟道，并经过验收，防止风机启动后杂物积聚在空气预热器换热元件表面上或缝隙中	1	查安装记录、验收记录				
6.1.7	要重视锅炉冷态点火前的系统准备和调试工作，保证锅炉冷态启动燃烧良好，特别要防止出现由于设备故障导致的燃烧不良	4					
6.1.7.1	新建机组或改造过的锅炉燃油系统必须经过辅汽吹扫，并按要求进行油循环，首次投运前必须经过燃油泄漏试验确保各油阀的严密性	1	查安装调试记录，确认燃油系统进行管道辅汽吹扫，并经各方验收签字				
		2	查安装调试记录，确认油系统油循环合格，并经各方验收签字				
		3	查安装调试记录，确认油系统燃油泄漏试验合格，并经各方验收签字				

编号	条文规定	小项	检查内容	是否符合	评价	检查人	备注
6.1.7.2	油枪、少油/无油点火系统必须保证安装正确,新设备和系统在投运前必须进行正确整定和冷态调试	1	查安装调试记录,确保配风参数、燃油参数达到设计说明要求,并进行油枪雾化试验				
6.1.8	精心做好锅炉启动后的运行调整工作,保证燃烧系统各参数合理,加强运行分析,以保证燃料燃烧完全、传热合理	5					
6.1.8.1	油燃烧器运行时,必须保证油枪根部燃烧所需用氧量,以保证燃油燃烧稳定完全	1	查运行规程或启动操作票中明确规定油燃烧器运行时配风要求				
6.1.8.2	锅炉燃用渣油或重油时应保证燃油温度和油压在规定值内,雾化蒸汽参数在设计值内,以保证油枪雾化良好、燃烧完全。锅炉点火时应严格监视油枪雾化情况,一旦发现油枪雾化不好应立即停用,并进行清理检修	1	抽查DCS历史趋势,确认投油时雾化蒸汽参数、燃油参数满足设计要求,条件允许可就地观察确认油枪着火情况良好				
6.1.8.3	采用少油/无油点火方式启动锅炉机组,应准备足够相应煤质的入炉煤,合理调整制粉系统,保证合理的煤粉细度和磨煤机通风量,合理控制磨煤机出力,达到合理的风粉浓度,保证着火稳定和燃烧充分	1	抽查锅炉启动时燃料上煤记录、煤质报告、煤粉细度化验报告,确认入炉煤质符合少油/无油点火方式要求,抽查DCS历史趋势,确认煤粉投用量与一次风量的配比符合规程或设备说明要求				
6.1.8.4	在煤油混烧情况下应防止燃烧器超出力	1	查煤质、油质参数及运行用量,有条件的可抽查DCS历史趋势,确认燃烧器投运时热负荷正常。燃烧器有壁温测点的,应检查DCS历史趋势,确认燃烧器壁温维持正常温度				
6.1.8.5	采用少油/无油点火方式启动时,应注意检查和分析燃烧情况和锅炉沿程温度、阻力变化情况	1	抽查DCS历史趋势,确认锅炉启动过程中受热面及烟道各部温升满足运行规程、启动操作票要求				
6.1.9	要重视空气预热器的吹灰,必须精心组织机组冷态启动和低负荷运行情况下的吹灰工作,做到合理吹灰	5					
6.1.9.1	投入蒸汽吹灰器前应进行充分疏水,确保吹灰要求的蒸汽过热度	1	查蒸汽吹灰器运行启动记录(有自动疏水逻辑的查逻辑组态要求,吹灰器投运引入DCS管理的可抽查DCS历史趋势),确认疏水阀后温度在蒸汽压力对应的饱和温度以上				

编号	条文规定	小项	检查内容	是否符合	评价	检查人	备注
6.1.9.2	采用等离子及微油点火方式启动的机组，在锅炉启动初期，空气预热器必须连续吹灰	1	采用等离子及微油点火方式启动的机组，抽查DCS历史趋势，确认锅炉启动初期，空气预热器吹灰连续投用				
6.1.9.3	机组启动期间，锅炉负荷低于25%额定负荷时空气预热器应连续吹灰；锅炉负荷大于25%额定负荷时至少每8h吹灰一次；当回转式空气预热器烟气侧压差增加时，应增加吹灰次数；当低负荷煤、油混烧时，应连续吹灰	1	查规程、操作票及相关措施，明确空气预热器吹灰频次要求				
		2	抽查DCS历史趋势，确认锅炉负荷低于25%额定负荷或煤油混燃时空气预热器连续吹灰；锅炉负荷大于25%额定负荷时至少每8h吹灰一次				
		3	抽查DCS历史趋势，回转式空气预热器烟气侧压差大于设计煤种BMCR工况下对应差压值的150%时，应增加吹灰次数				
6.1.10	要加强对空气预热器的检查，重视水冲洗的作用，及时精心组织，对回转式空气预热器正确地进行水冲洗	5					
6.1.10.1	锅炉停炉1周以上时必须对回转式空气预热器受热面进行检查，若有存挂油垢或积灰堵塞的现象，应及时清理并进行通风干燥	1	查运行记录，确认锅炉停炉1周以上时对回转式空气预热器受热面进行检查，及时进行清垢处理并通风干燥				
6.1.10.2	若锅炉较长时间低负荷燃油或煤油混烧，可根据具体情况利用停炉对回转式空气预热器受热面进行检查，重点是检查中层和下层传热元件，若发现有残留物积存，应及时组织进行水冲洗	1	查停炉记录，对回转式空气预热器受热面进行检查，必要时进行冲洗				
6.1.10.3	机组运行中，如果回转式空气预热器阻力超过对应工况设计阻力的150%，应及时安排水冲洗；机组每次大、小修均应对空气预热器受热面进行检查，若发现受热元件有残留物积存，必要时可进行水冲洗	1	抽查DCS历史趋势，确认回转式空气预热器运行中阻力低于对应工况设计阻力的150%，否则及时安排水冲洗				
6.1.10.4	对空气预热器不论选择哪种冲洗方式，都必须事先制定全面的冲洗措施并经过审批，整个冲洗工作严格按措施执行，必须严格达到冲洗工艺要求，一次性彻底冲洗干净，验收合格	1	查水冲洗措施完善，审批手续齐全，整个冲洗工作严格按措施执行，冲洗后经各方验收并签字				

编号	条文规定	小项	检查内容	是否符合	评价	检查人	备注
6.1.10.5	回转式空气预热器冲洗后必须正确地进行干燥，并保证彻底干燥。不能立即启动引送风机进行强制通风干燥，防止炉内积灰被空气预热器金属表面水膜吸附造成二次污染	1	查运行记录，水冲洗后应进行通风干燥检查，经各方确认后才能进行设备的启动（抽查DCS历史趋势，确认冲洗结束后未采用立即启动引送风机进行强制通风的干燥方式）				
6.1.11	应重视加强对锅炉尾部再次燃烧事故风险点的监控	4					
6.1.11.1	运行规程应明确省煤器、脱硝装置、空气预热器等部位烟道在不同工况的烟气温度限制值。运行中应当加强监视回转式空气预热器出口烟风温度变化情况，当烟气温度超过规定值、有再燃前兆时，应立即停炉，并及时采取消防措施	1	查规程中明确规定空气预热器出口烟温升高，要求立即停炉的温度值符合空气预热器厂家要求				
		2	查运行记录及事故预案，确认空气预热器出口烟温、一二次热风温度无超温情况，并检查消防措施是否完善				
6.1.11.2	机组停运后和温热态启动时，是回转式空气预热器受热和冷却条件发生巨大变化的时候，容易产生热量积聚引发着火，应更重视运行监控和检查，如有再燃前兆，必须及早发现，及早处理	1	查启动操作票、停炉后各部烟温记录及事故预案，确认空气预热器危险工况重点监控，抽查DCS相关时段空气预热器出口烟温、一二次热风温度无超温情况，如有异常检查确认各措施预案等执行到位				
6.1.11.3	锅炉停炉后，严格按照运行规程和厂家要求停运空气预热器，应加强停炉后的回转式空气预热器运行监控，防止异常发生	1	查运行规程中停炉后停运空气预热器要求符合厂家说明书，抽查DCS历史趋势中相关时段确认空气预热器停运符合规程要求。查停炉后空气预热器各烟温、风温监控正常，否则采取有相应措施保证空气预热器安全				
6.1.12	回转式空气预热器跳闸后需要正确处理，防止发生再燃及空气预热器故障事故	4					
6.1.12.1	若发现回转式空气预热器停转，立即将其隔绝，投入消防蒸汽和盘车装置。若挡板隔绝不严或转子盘不动，应立即停炉	1	查设备维护记录及运行记录或事故预案方案，确认停转后采取措施合理：关闭进出口烟气挡板、投入消防蒸汽及盘车装置				
		2	查DCS历史趋势中相关时段，确认空气预热器停转后系统各联锁运作正常				

编号	条文规定	小项	检查内容	是否符合	评价	检查人	备注
6.1.12.1	若发现回转式空气预热器停转，立即将其隔绝，投入消防蒸汽和盘车装置。若挡板隔绝不严或转子盘不动，应立即停炉	3	查设备维护记录及运行记录或事故预案，当烟风挡板不严或盘车装置无法投运和失效时应立即停炉				
6.1.12.2	若回转式空气预热器未设出入口烟/风挡板，发现回转式空气预热器停转，应立即停炉	1	对回转式空气预热器未设出入口烟/风挡板的系统，规程中应明确规定：回转式空气预热器停转，应立即停炉。查设备维护记录及运行记录，确认回转式空气预热器停转后采取措施合理				
6.1.13	加强空气预热器外的其他特殊设备和部位防再次燃烧事故工作	7					
6.1.13.1	锅炉安装（SCR）脱硝系统，在低负荷煤油混烧、等离子点火期间，脱硝反应器内必须加强吹灰，监控反应器前后阻力及烟气温度，防止反应器内催化剂由于未燃尽的物质燃烧，反应器灰斗需要及时排灰，防止沉积	1	查燃油耗用台账（明细表）、机组启动台账，根据相应投油时间，查设备维护及运行记录（吹灰器引入DCS控制的应抽查DCS历史趋势），确认在低负荷煤油混烧、等离子点火期间，脱硝反应器内按要求增加吹灰次数，输灰系统投入运行，反应器前后阻力变化及烟气温度正常				
6.1.13.2	干排渣系统在低负荷燃油、等离子点火或煤油混烧期间，防止干排渣系统的钢带由于锅炉未燃尽的物质落入而二次燃烧，损坏钢带，需要派人就地监控	1	查启动操作票及规程中明确低负荷燃油、等离子点火或煤油混烧期间，确保干排渣系统安全的措施完善				
		2	查DCS历史趋势中对应低负荷燃油、等离子点或煤油混煤期间，干排渣一级钢带头部温度、过渡段风温及炉底进风温度符合规程及操作票要求				
6.1.13.3	新建燃煤机组尾部烟道下部省煤器灰斗应设气力输灰系统，以保证未燃物可以及时地输送出去	1	就地检查锅炉尾部烟道下部省煤器灰斗处设有气力输灰系统，查系统图纸及运行记录，确认省煤器灰斗及输灰系统正常投运				
		2	查除灰运行记录（查除灰DCS历史趋势），确认省煤器灰斗处气力输灰运行正常				

编号	条文规定	小项	检查内容	是否符合	评价	检查人	备注
6.1.13.4	如果在低负荷燃油、等离子点火或煤油混烧期间电除尘器在投入，电除尘器应降低二次电压电流运行，防止在集尘极和放电极之间燃烧，除灰系统在此期间连续输送	1	查除灰运行规程中关于锅炉低负荷燃油、等离子点火或煤油混烧期间电除尘器运行方式中，是否明确锅炉燃用油量与电除尘投退与二次电压电流的对应值				
		2	查除灰运行记录（查除灰DCS历史趋势），确认在低负荷燃油、等离子点火或煤油混烧期间电除尘器运行方式符合要求，输灰系统正常输灰				
6.2	防止锅炉炉膛爆炸事故	59					
6.2.1	防止锅炉灭火	38					
6.2.1.1	锅炉炉膛安全监控系统的设计、选型、安装、调试等各阶段都应严格执行《火力发电厂锅炉炉膛安全监控系统技术规程》（DL/T 1091—2018）	1	查热控保护逻辑说明书，检查是否满足规程要求				
		2	查热控逻辑，确认热控逻辑说明书所列保护在 DCS 逻辑组态中逐条实现				
6.2.1.2	根据《电站锅炉炉膛防爆规程》（DL/T 435—2018）中有关防止炉膛灭火放炮的规定以及设备的实际状况，制定防止锅炉灭火放炮的措施，应包括煤质监督、混配煤、燃烧调整、低负荷运行等内容，并严格执行	1	查热控保护及自动逻辑说明书和锅炉、风机、燃烧器等厂家说明书				
		2	查热控逻辑，确认热控逻辑说明书所列保护在 DCS 逻辑组态中逐条实现				
		3	查锅炉运行规程，确认按照《电站煤粉锅炉炉膛防爆规程》（DL/T 435—2018）要求进行锅炉启动、停炉、紧急事故的处理				
		4	按照《电站煤粉锅炉炉膛防爆规程》（DL/T 435—2018）要求，制订有防止锅炉灭火放炮的措施，且措施内容完善				
		5	现场抽查集控运行副控以上人员，熟知本厂防止锅炉灭火放炮措施				

编号	条文规定	小项	检查内容	是否符合	评价	检查人	备注
6.2.1.3	加强燃煤的监督管理，完善混煤设施。加强配煤管理和煤质分析，并及时将煤质情况通知运行人员，做好调整燃烧的应变措施，防止发生锅炉灭火	1	查燃煤管理制度，确认煤仓上煤情况、煤质分析数据等报表及时反馈至主控运行人员				
		2	查锅炉运行规程及下发的各种预防措施中明确关于锅炉在不同负荷、不同磨煤机或给粉机运行组合方式下的锅炉参数调整方法及要求，抽查DCS历史趋势，验证煤质变化及断煤等恶劣工况时调整及时、燃烧稳定				
6.2.1.4	新炉投产、锅炉改进性大修后或入炉燃料与设计燃料有较大差异时，应进行燃烧调整，以确定一次风量、二次风量、风速、合理的过剩空气量、风煤比、煤粉细度、燃烧器倾角或旋流强度及不投油最低稳燃负荷等	1	查燃烧调整试验报告，确认在新炉投产或入炉燃料与设计燃料有较大差异时，均进行燃烧调整试验				
		2	查DCS历史趋势，确认运行人员参考试验结果进行燃烧调整（查燃烧调整试验报告推荐的相关参数与运行参数相匹配）				
6.2.1.5	当炉膛已经灭火或已局部灭火并濒临全部灭火时，严禁投助燃油枪。当锅炉灭火后，要立即停止燃料（含煤、油、燃气、制粉乏气风）供给，严禁用爆燃法恢复燃烧。重新点火前必须对锅炉进行充分通风吹扫，以排除炉膛和烟道内的可燃物质	1	查锅炉主保护中防止灭火放炮的逻辑包含全炉膛火焰丧失及局部灭火并濒临全部灭火的两种判断条件，从自动逻辑中避免投油不当造成的灭火放炮事件				
		2	查运行规程要求及热控保护逻辑中"锅炉跳闸条件"完善及跳闸后中确保炉膛通风吹扫。在锅炉点火启动逻辑中包括强制通风吹扫条件。查该条件不能强制退出				
6.2.1.6	100MW及以上等级机组的锅炉应装设锅炉灭火保护装置（FSSS或BMS）。该装置应包括但不限于以下功能：炉膛吹扫、锅炉点火、MFT、全炉膛火焰监视和灭火保护功能、MFT首出等	1	查机组热控逻辑保护说明书及DCS逻辑组态，确认目前的逻辑组态能够实现FSSS或BMS要求的功能				

编号	条文规定	小项	检查内容	是否符合	评价	检查人	备注
6.2.1.7	炉膛灭火保护装置和就地控制设备电源应可靠，电源应采用两路交流 220V 供电电源，其中一路应为交流不间断电源（UPS），另一路电源引自厂用事故保安电源。当设置冗余 UPS 电源系统时，也可两路均采用 UPS 电源，但两路进线应分别取自不同的供电母线上，防止因瞬间失电造成失去锅炉灭火保护功能	1	查灭火保护电源一次接线图，确认灭火保护装置和就地控制设备电源可靠，电源采用两路交流 220V 供电电源，分别取自 UPS 和厂用事故保安电源				
		2	当厂内设置冗余 UPS 电源时，两路电源的进线分别取自厂用电的不同供电母线上				
6.2.1.8	炉膛负压等参与灭火保护的热工测点应单独设置并冗余配置。必须保证炉膛压力信号取样部位的设计、安装合理，取样管相互独立，系统工作可靠。应配备 4 个炉膛压力变送器：其中 3 个作调节用，另 1 个作监视用，其量程应大于炉膛压力保护定值	1	查现场测点、取样管、变送器等单独设置并冗余配置，安装位置合理				
		2	查保护定值清单，确认参与灭火保护的各参数定值合理				
		3	查 DCS 逻辑组态中参与灭火保护的各参数量程大于保护定值清单中所列数值				
		4	炉膛压力变送器设置有 4 个单独的变送器，其中 3 个作调节用，另 1 个作监视用				
6.2.1.9	炉膛压力保护定值应合理，要综合考虑炉膛防爆能力、炉底密封承受能力和锅炉正常燃烧要求；新机启动或机组检修后启动时必须进行炉膛压力保护带工质传动试验	1	查锅炉说明书、保护定值清单及 DCS 逻辑组态，确认炉膛压力保护定值与厂家要求相符合				
		2	查调试报告及机组检修后启动时检修报告，确认进行炉膛压力保护试验，且炉膛压力保护试验时采用带工质传动试验，不能只进行传动回路的试验				
6.2.1.10	加强锅炉灭火保护装置的维护与管理，确保锅炉灭火保护装置可靠投用。防止发生火焰探头烧毁、污染失灵、炉膛负压管堵塞等问题	1	查设备台账及缺陷管理记录，确认未发生火焰探头烧毁、污染失灵、炉膛负压管堵塞等缺陷				
6.2.1.11	每个煤、油、气燃烧器都应单独设置火焰检测装置。火焰检测装置应当精细调整，保证锅炉在高、低负荷以及适用煤种下都能正确检测到火焰。火焰检测装置冷却用气源应稳定可靠	1	查现场设备及系统图纸，确认火检装置完整、火检冷却设备系统（风机、管道、空气过滤装置）完整无泄漏，压力参数满足火检设备要求				
		2	查调试报告，确认火检强度信号与实际火焰相匹配				

编号	条文规定	小项	检查内容	是否符合	评价	检查人	备注
6.2.1.12	锅炉运行中严禁随意退出锅炉灭火保护。因设备缺陷需退出部分锅炉主保护时，应严格履行审批手续，并事先做好安全措施。严禁在锅炉灭火保护装置退出情况下进行锅炉启动	1	查保护投退管理制度中明确保护投退的审批手续。查运行管理制度中明确要求在主保护退出时制订相应的事故处理预案				
		2	查保护投退记录，确认投退保护签字完整，符合管理制度要求				
		3	根据保护投退记录，抽查锅炉灭火保护退出期间是否制订有完善的预防措施下发执行				
6.2.1.13	加强设备检修管理，重点解决炉膛严重漏风、一次风管不畅、送风不正常脉动、直吹式制粉系统磨煤机堵煤断煤和粉管堵粉、中储式制粉系统给粉机下粉不均或煤粉自流、热控设备失灵等	1	现场检查				
6.2.1.14	加强点火油、气系统的维护管理，消除泄漏，防止燃油、燃气漏入炉膛发生爆燃。对燃油、燃气速断阀要定期试验，确保动作正确、关闭严密	2	查现场设备，燃油、燃气系统管道、阀门确认无泄漏现象				
6.2.1.15	锅炉点火系统应能可靠备用。定期对油枪进行投入试验，确保油枪动作可靠、雾化良好，能在锅炉低负荷或燃烧不稳时及时投油助燃	1	查试验记录，确认对油枪进行投入试验，能可靠动作				
6.2.1.16	在停炉检修或备用期间，运行人员必须检查确认燃油或燃气系统阀门关闭严密。锅炉点火前应进行燃油、燃气系统泄漏试验，合格后方可点火启动	1	查 DCS 逻辑组态中有锅炉停运后联锁关闭燃油或燃气系统阀门的功能。抽查 DCS 历史趋势，确认锅炉停运后炉前燃油或燃气母管各阀门联锁关闭，供油压力（炉前燃油快关阀、调节阀后压力）到零				
		2	查 DCS 历史趋势，确认锅炉点火前进行燃油、燃气系统泄漏试验并合格				

编号	条文规定	小项	检查内容	是否符合	评价	检查人	备注
6.2.1.17	对于装有等离子无油点火装置或小油枪微油点火装置的锅炉点火时，严禁解除全炉膛灭火保护；当采用中速磨煤机直吹式制粉系统时，任一角在180s内未点燃时，应立即停止相应磨煤机的运行；对于中储式制粉系统在30s内未点燃时，应立即停止相应给粉机的运行，经充分通风吹扫、查明原因后再重新投入	1	查运行日志及热控逻辑保护投退记录，确认全炉膛灭火保护在启动时正常投入				
		2	查DCS逻辑组态中对于中速磨煤机直吹式制粉系统，任一角燃烧器180s内检测不到着火信号联锁停运相应磨煤机运行；对于中储式制粉系统，在30s内未点燃时，联锁停止相应给粉机的运行，经充分通风吹扫、查明原因后再重新投入				
6.2.1.18	加强热工控制系统的维护与管理，防止因DCS系统死机导致的锅炉灭火放炮事故	1	检查制订有DCS系统死机应急预案				
		2	现场检查DCS电源系统及网络架构冗余配置，热控定期工作制度中明确DCS定期维护内容和重要保护的定期试验				
6.2.1.19	锅炉低于最低稳燃负荷时，应投入稳燃系统。煤质变差影响到燃烧稳定性时，应及时投入稳燃系统，并加强入炉煤煤质管理	1	查锅炉说明书及性能考核试验报告，确认锅炉最低稳燃负荷。抽查DCS历史趋势及煤质报告，确认低负荷、差煤质工况下及时投入稳燃系统，保证燃烧稳定				
6.2.2	防止锅炉严重结焦	10					
6.2.2.1	锅炉炉膛的设计、选型要参照《大容量煤粉燃烧锅炉炉膛选型导则》（DL/T 831—2015）的有关规定进行	1	查锅炉说明书及初步设计说明要求符合相关要求				
6.2.2.2	重视锅炉燃烧器的安装、检修和维护，保留必要的安装记录，确保安装角度正确，避免一次风射流偏斜产生贴壁气流。必要时应进行冷态炉膛空气动力场试验，以检查燃烧器安装角度是否正确	1	查安装记录、设计图纸、调试报告等，确认燃烧器安装角度等参数符合设计要求，检查冷态动力场报告，确认采用切圆燃烧方式的锅炉炉内气流无偏斜、贴壁等问题，采用对冲旋流燃烧方式的锅炉二次风旋流角度合适，不存在飞边现象				
6.2.2.3	加强氧量计、风量测量装置及二次风门等锅炉燃烧监视调整重要设备的管理与维护，形成定期校验制度，以确保其指示准确，动作正确，避免在炉内形成整体或局部还原性气氛，从而加剧炉膛结焦	1	查定期校验制度、报告				

编号	条文规定	小项	检查内容	是否符合	评价	检查人	备注
6.2.2.4	采用与锅炉相匹配的煤种，是防止炉膛结焦的重要措施，当煤种改变时，要进行变煤种燃烧调整试验	1	查燃用煤种煤质参数（锅炉煤仓上煤表及入炉煤化验报告），煤种变化较大时检查燃烧调整试验报告，现场跟踪试验报告推荐的运行方式与实际运行参数一致				
6.2.2.5	应加强电厂入厂煤、入炉煤的管理及煤质分析，发现易结焦煤质时，应及时通知运行人员	1	查入厂煤及入炉煤煤质报告，发现入厂煤为易结焦煤质时，应及时与发电运行人员联系，做好入炉煤掺配及燃烧调整工作				
6.2.2.6	加强运行培训和考核，使运行人员了解防止炉膛结焦的要素，熟悉燃烧调整手段，避免锅炉高负荷工况下缺氧燃烧	1	查运行培训记录、运行事故预案处理措施及学习记录，现场抽查运行人员对防止结焦措施的了解情况，确认运行人员掌握防止结焦的调整手段				
6.2.2.7	运行人员应经常从看火孔监视炉膛结焦情况，一旦发现结焦，应及时处理	1	查运行记录，确认运行人员定期监视炉膛着火情况。检查防止结焦措施				
6.2.2.8	大容量锅炉吹灰器系统应正常投入运行，防止炉膛沾污结渣造成超温	1	查运行记录（吹灰系统引入DCS系统的可抽查历史趋势，未引入DCS系统，应查吹灰记录表），确认锅炉吹灰系统定期投入运行并工作正常				
6.2.2.9	受热面及炉底等部位严重结渣，影响锅炉安全运行时，应立即停炉处理	1	查运行记录，确认采用易结焦煤质运行时做好事故处理预案并采取措施，尽量预防受热面结焦发生				
		2	运行中有无受热面及炉底等部位严重结渣，影响锅炉安全运行的情况，应立即停炉处理				
6.2.3	防止锅炉内爆	6					
6.2.3.1	新建机组吸风机和脱硫增压风机的最大压头设计必须与炉膛及尾部烟道防内爆能力相匹配，设计炉膛及尾部烟道防内爆强度应大于吸风机及脱硫增压风机压头之和	1	查风机设备参数与锅炉说明书中耐压参数是否相匹配				

编号	条文规定	小项	检查内容	是否符合	评价	检查人	备注
6.2.3.3	单机容量600MW及以上机组或采用脱硫、脱硝装置的机组，应特别重视防止机组高负荷灭火或设备故障瞬间产生过大炉膛负压对锅炉炉膛及尾部烟道造成的内爆危害，在锅炉主保护和烟风系统联锁保护功能上应考虑炉膛负压低跳锅炉和负压低低跳吸风机的联锁保护；机组RB功能应可靠投用	1	查逻辑保护说明中烟风系统联锁保护及锅炉跳闸保护应满足锅炉设备厂家要求，并留有一定的余量				
		2	查逻辑保护说明中RB功能正常，RB试验结果正常				
6.2.3.4	加强引风机、脱硫增压风机、烟气旁路挡板等设备的检修维护工作，定期对入口调节装置进行试验，确保动作灵活可靠和炉膛负压自动调节特性良好，防止机组运行中设备故障时或锅炉灭火后产生过大负压	1	查挡板传动试验记录，确认机组启动前对引风机、脱硫增压风机均进行入口调节装置试验，确保动作灵活可靠				
		2	查热控逻辑及DCS历史记录，确认炉膛负压自动投运并工作正常				
6.2.3.5	运行规程中必须有防止炉膛内爆的条款和事故处理预案	1	查运行规程满足要求				
6.2.4	循环流化床锅炉防爆	5					
6.2.4.1	锅炉启动前或MFT、BT后应根据床温情况严格进行炉膛冷态或热态吹扫程序，禁止采用降低一次风量至临界流化风量以下的方式点火	1	现场检查DCS趋势				
6.2.4.2	精心调整燃烧，确保床上、床下油枪雾化良好、燃烧完全。油枪投用时应严密监视油枪雾化和燃烧情况，发现油枪雾化不良应立即停用，并及时进行清理检修	1	查定期检修记录				
6.2.4.3	对于循环流化床锅炉，应根据实际燃用煤质着火点情况进行间断投煤操作，禁止床温未达到投煤允许条件连续大量投煤	1	查规程相关规定				
6.2.4.4	循环流化床锅炉压火应先停止给煤机，切断所有燃料，并严格执行炉膛吹扫程序，待床温开始下降、氧量回升时再按正确顺序停风机；禁止通过BT直接跳闸风机联跳MFT的方式压火。压火后的热启动应严格执行热态吹扫程序，并根据床温情况进行投油升温或投煤启动	1	查规程相关规定				

编号	条文规定	小项	检查内容	是否符合	评价	检查人	备注
6.2.4.5	循环流化床锅炉水冷壁泄漏后，应尽快停炉，并保留一台引风机运行，禁止闷炉；冷渣器泄漏后，应立即切断炉渣进料，并隔绝冷却水	1	查规程相关规定				
6.3	防止制粉系统爆炸和煤尘爆炸事故	37					
6.3.1	防止制粉系统爆炸	28					
6.3.1.1	在锅炉设计和制粉系统设计选型时期，必须严格遵照相关规程要求，保证制粉系统设计和磨煤机的选型，与燃用煤种特性和锅炉机组性能要求相匹配和适应，必须体现出制粉系统防爆设计	1	查锅炉、磨煤机系统设计图纸及说明书，根据煤质采取的相应防爆措施和消防、惰气灭火系统满足要求并正常运行				
6.3.1.2	不论是新建机组设计，还是由于改烧煤种等原因进行锅炉燃烧系统改造，都不能忽视制粉系统的防爆要求，当煤的干燥无灰基挥发分大于25%（或煤的爆炸性指数大于3.0）时，不宜采用中间储仓式制粉系统，如必要时宜抽取炉烟干燥或者加入惰性气体	1	查燃用煤质参数与制粉系统设计、选型相符合				
6.3.1.3	对于制粉系统，应设计可靠足够的温度、压力、流量测点和完备的联锁保护逻辑，以保证对制粉系统状态测量指示准确、监控全面、动作合理。中间储仓制粉系统的粉仓和直吹制粉系统的磨煤机出口，应设置足够的温度测点和温度报警装置，并定期进行校验	1	查热控逻辑中磨煤机保护措施完善，能够满足设备厂家关于安全运行的要求				
		1	热工定期工作制度中包含对中间储仓制粉系统的粉仓和直吹制粉系统的磨煤机出口温度、压力测点的校验工作，查热工定期工作记录，按要求对温度压力测点及报警装置进行维护校验				
6.3.1.4	制粉系统设计时，要尽量减少水平管段，整个系统要做到严密、内壁光滑、无积粉死角	1	查现场设备及管道设计图纸是否满足规范要求				
6.3.1.5	煤仓、粉仓、制粉和送粉管道、制粉系统阀门、制粉系统防爆压力和防爆门的防爆设计符合《火力发电厂烟风煤粉管道设计技术规程》（DL/T 5121）和《火力发电厂制粉系统设计计算技术规定》（DL/T 5145）的要求	1	查制粉系统设计图纸，确认各处管道、阀门与相关压力、温度参数匹配情况符合规范要求				

编号	条文规定	小项	检查内容	是否符合	评价	检查人	备注
6.3.1.6	热风道与制粉系统连接部位，以及排粉机出入口风箱的连接部位，应达到防爆规程规定的抗爆强度	1	查制粉系统设计图纸，确认热风道与制粉系统连接部位，以及排粉机出入口风箱的连接部位与相关压力、温度参数匹配情况符合要求				
6.3.1.7	对于爆炸特性较强煤种，制粉系统应配套设计合理的消防系统和蒸汽充惰系统	1	查制粉系统设计图纸，确认相关系统与制粉系统相匹配				
6.3.1.8	保证系统安装质量，保证连接部位严密、光滑、无死角，避免出现局部积粉	1	查安装记录及监理记录，确认管道、阀门等安装位置、角度等符合设计要求				
6.3.1.9	加强防爆门的检查和管理工作，防爆薄膜应有足够的防爆面积和规定的强度。防爆门动作后喷出的火焰和高温气体，要改变排放方向或采取其他隔离措施。以避免危及人身安全、损坏设备和烧损电缆	1	查现场设备，确认防爆门起爆参数等能够与系统压力温度相匹配，防爆门位置合理，起爆后排放方向不对步梯、平台、电缆沟等				
6.3.1.10	制粉系统应设计配置齐全的磨煤机出口隔离门和热风隔绝门	1	查现场设备，确认磨煤机出口隔离门、热风隔绝门等动作灵活，关闭严密				
6.3.1.11	在锅炉机组进行跨煤种改烧时，在对燃烧器和配风方式进行改造的同时，必须对制粉系统进行相应配套工作，包括对干燥介质系统的改造，以保证炉膛和制粉系统全面达到安全要求	1	查煤质报告，若存在跨煤种改烧时，在燃烧器和配风方式改造的同时，应对制粉系统进行相应配套改造，改造方案等修订，确认制粉系统与燃烧器、二次风等相匹配				
6.3.1.12	加强入厂煤和入炉煤的管理工作，建立煤质分析和配煤管理制度，燃用易燃易爆煤种应及早通知运行人员，以便加强监视和检查，发现异常及时处理	1	查燃料管理制度、煤场管理制度、煤质化验制度及配煤管理制度中对燃用易燃易爆煤种管理要求明确、合理，运行人员能够及时得知煤质结果，并执行相关预控措施				
6.3.1.13	做好"三块分离"和入炉煤杂物清除工作，保证制粉系统运行正常	1	查现场设备，确认除木器、除铁器、筛碎设备、石子煤系统等能够正常有效工作。查输煤系统中分离出的"三块"是否及时得到清除				
6.3.1.14	要做好磨煤机风门挡板和石子煤系统的检修维护工作，保证磨煤机能够隔离严密、石子煤能够清理排出干净	1	查现场设备，确认风门挡板、石子煤系统等能够正常有效工作				

编号	条文规定	小项	检查内容	是否符合	评价	检查人	备注
6.3.1.15	定期检查煤仓、粉仓仓壁内衬钢板，严防衬板磨漏、夹层积粉自燃。每次大修煤粉仓应清仓，并检查粉仓的严密性及有无死角，特别要注意仓顶板—大梁搁置部位有无积粉死角	1	查粉仓定期清理制度				
6.3.1.16	粉仓、绞龙的吸潮管应完好，管内通畅无阻，运行中粉仓要保持适当负压	1	查现场设备，确认吸潮管正常投运，粉仓微负压运行				
6.3.1.17	要坚持执行定期降粉制度和停炉前煤粉仓空仓制度	1	查运行定期试验制度中明确对粉仓定期降粉的要求及停炉前煤粉仓空仓要求，查运行定期试验记录，确认按要求进行定期降粉及停炉前烧粉空仓工作				
6.3.1.18	根据煤种的自燃特性，建立停炉清理煤仓制度，防止因长期停运导致原煤仓自燃	1	应建立停炉清理原煤仓制度				
		2	查燃料运行上煤表，若停炉时煤仓中的原煤干燥无灰基挥发份大于20%，应严格执行清理原煤仓制度，查运行记录，确认按照要求进行停炉清理煤仓				
6.3.1.19	制粉系统的爆炸绝大部分发生在制粉设备的启动和停机阶段，因此不论是制粉系统的控制设计，还是运行规程中的操作规定和启停措施，特别是具体的运行操作，都必须遵守通风、吹扫、充惰、加减负荷等要求，保证各项操作规范，负荷、风量、温度等参数控制平稳，避免大幅扰动	1	查热控逻辑保护、顺控自动逻辑、规程及制粉系统启、停操作票，确认启停制粉系统操作规定符合要求，现场实际跟踪验证制粉系统启停操作符合要求，磨煤机出力、风量、温度等参数变化平稳				
6.3.1.20	磨煤机运行及启停过程中应严格控制磨煤机出口温度不超过规定值	1	查规程及各项措施中明确规程磨煤机出口温度与磨制煤种的对应关系，现场查燃料运行上煤表，实际验证磨煤机出口温度与煤质相匹配				
6.3.1.21	针对燃用煤质和制粉系统特点，制定合理的制粉系统定期轮换制度，防止因长期停运导致原煤仓或磨煤机内部发生自燃	2	查规程相关规定				

编号	条文规定	小项	检查内容	是否符合	评价	检查人	备注
6.3.1.22	加强运行监控，及时采取措施，避免制粉系统运行中出现断煤、满煤问题。一旦出现断煤、满煤问题，必须及时正确处理，防止出现严重超温和煤在磨煤机及系统内不正常存留	1	查DCS历史趋势，确认风煤比满足磨煤机出力要求，发生断煤、满煤时处理措施符合规程要求，未出现严重超温和煤在磨煤机及系统内不正常存留情况				
6.3.1.23	定期对排渣箱渣量进行检查，及时排渣；正常运行中当排渣箱渣量较少时也要定期排渣，以防止渣箱自燃	1	查规程或下发的措施等文件中明确磨煤机石子煤排放要求，查DCS历史趋势，确认石子煤排渣符合要求				
6.3.1.24	制粉系统充惰系统定期进行维护和检查，确保充惰灭火系统能随时投入	1	制粉系统设有充惰系统的，维护定期工作制度中应有该系统的检查要求				
6.3.1.25	当发现备用磨煤机内着火时，要立即关闭其所有的出入口风门挡板以隔绝空气，并用蒸汽消防进行灭火	1	检查磨煤机说明书和运行规程关于着火后的处理规定。查运行日志，如有备用磨煤机内着火事件，应查DCS历史趋势中相应时段记录，确认磨煤机所有出入口风门挡板关闭，蒸汽消防系统投用灭火				
6.3.1.26	制粉系统煤粉爆炸事故后，要找到积粉着火点，采取针对性措施消除积粉。必要时可进行针对性改造	1	查事故处理报告，确认对积粉着火点处理得当				
6.3.2	防止煤尘爆炸	9					
6.3.2.1	消除制粉系统和输煤系统的粉尘泄漏点，降低煤粉浓度。大量放粉或清理煤粉时，应制定和落实相关安全措施，应尽可能避免扬尘，杜绝明火，防止煤尘爆炸	1	查缺陷记录、维护记录，确认及时处理泄漏点				
		2	现场查制粉系统，确认无泄漏点、无积粉				
		3	查放粉、清粉措施方案，确认相关安全措施完善，并对煤尘粉尘等采取有效措施防止扬尘				
6.3.2.2	煤粉仓、制粉系统和输煤系统附近应有消防设施，并备有专用的灭火器材，消防系统水源应充足、水压符合要求。消防灭火设施应保持完好，按期进行试验（试验时灭火剂不进入粉仓）	1	现场检查确认煤粉仓、制粉系统和输煤系统附近消防设施完善、可靠，专用灭火器材完善，并定期试验、更换				
		2	现场查消防水系统水源充足、水压符合规程要求				
6.3.2.3	煤粉仓投运前应做严密性试验。凡基建投产时未做过严密性试验的要补做漏风试验，如发现有漏风、漏粉现象要及时消除	1	查安装记录，煤粉仓投运前进行了严密性试验，并及时处理漏点				

编号	条文规定	小项	检查内容	是否符合	评价	检查人	备注
6.3.2.4	在微油或等离子点火期间，除灰系统储仓需经常卸料，防止在储仓未燃尽物质自燃爆炸	1	查现场设备确认除灰系统输灰管道、仓泵运行正常，出力满足要求，灰罐在启动初期保持低料位运行				
6.3.2.5	在低负荷燃油，微油点火、等离子点火，或者煤油混烧期间，电除尘器应限二次电压、电流运行	1	查运行规程中明确低负荷燃油，微油点火，等离子点火，或者煤油混烧期间，电除尘器二次电压、电流运行限制要求，期间除灰系统必须连续投入				
		2	查厂油耗台账，根据投油时间查电除尘器二次电压、电流值符合规程要求				
6.4	防止锅炉满水和缺水事故	49					
6.4.1	汽包锅炉应至少配置两只彼此独立的就地汽包水位计和两只远传汽包水位计。水位计的配置应采用两种以上工作原理共存的配置方式，以保证在任何运行工况下锅炉汽包水位的正确监视	1	锅炉配置两只（及以上）彼此独立的就地汽包水位计				
		2	检查水位计定期校验符合定期工作要求（查校验记录），就地实际验证水位计指示准确				
		3	锅炉配置两只（及以上）远传汽包水位计				
		4	水位计采用两种以上工作原理共存的配置方式（就地水位表可采用玻璃板式、云母板式、牛眼式、磁性翻板式、电极式水位表；远传水位计采用差压式水位表）				
6.4.2	汽包水位计的安装	10					
6.4.2.1	取样管应穿过汽包内壁隔层，管口应尽量避开汽包内水汽工况不稳定区（如安全阀排汽口、汽包进水口、下降管口、汽水分离器水槽处等），若不能避开时，应在汽包内取样管口加装稳流装置	1	水位表都应具有独立的取样孔，不得在同一取样孔上并联多个水位测量装置				
		2	取样管的安装按锅炉厂提供资料实施				
6.4.2.2	汽包水位计水侧取样管孔位置应低于锅炉汽包水位停炉保护动作值，一般应有足够的裕量	1	查施工图纸并验证汽包水位计水侧取样管孔位置低于锅炉汽包水位停炉保护动作值并留有足够的裕量（一般应大于30mm）				

编号	条文规定	小项	检查内容	是否符合	评价	检查人	备注
6.4.2.3	水位计、水位平衡容器或变送器与汽包连接的取样管，一般应至少有 1:100 的斜度，汽侧取样管应向上向汽包方向倾斜，水侧取样管应向下向汽包方向倾斜	2	现场检查水位计、水位平衡容器或变送器与汽包连接的取样管的倾斜度				
		3	就地联通管式水位计（即玻璃板式、云母板式、牛眼式、电接点式），满足：汽侧取样管为取样孔侧高，水侧取样管为取样孔侧低				
		4	差压式水位计满足：汽侧取样管为取样孔侧低，水侧取样管为取样孔侧高				
6.4.2.4	新安装的机组必须核实汽包水位取样孔的位置、结构及水位计平衡容器安装尺寸，均符合要求	1	核实汽包水位取样孔的位置、结构及水位计平衡容器安装尺寸符合锅炉厂提供资料要求				
		2	就地连通管式水位计和差压式水位计的汽、水侧取样门其门杆处于水平位置				
6.4.2.5	差压式水位计严禁采用将汽水取样管引到一个连通容器（平衡容器），再在平衡容器中段引出差压水位计的汽水侧取样的方法	1	差压式水位计的平衡容器应为单室平衡容器，即直径约10cm的球体或球头圆柱体，容器前汽水取样管应有连通管				
		2	禁止在连通管中段取样作为差压水位表的汽水取样管				
6.4.3	对于过热器出口压力为13.5MPa及以上的锅炉，其汽包水位计应以差压式（带压力修正回路）水位计为基准。汽包水位信号应采用三选中值的方式进行优选	2					
6.4.3.1	差压水位计（变送器）应采用压力补偿。汽包水位测量应充分考虑平衡容器的温度变化造成的影响，必要时采用补偿措施	1	查阅说明书；并查阅 DCS 计算公式是否进行压力温度补偿				
6.4.3.2	汽包水位测量系统，应采取正确的保温、伴热及防冻措施，以保证汽包水位测量系统的正常运行及正确性	2	差压水位表汽水取样管、取样阀门和连通管均应保温。平衡容器及容器下部形成参比水柱的管道不得保温。引到差压变送器的两根管道应平行敷设共同保温，并根据需要采取防冻措施				

编号	条文规定	小项	检查内容	是否符合	评价	检查人	备注
6.4.4	汽包就地水位计的零位应以制造厂提供的数据为准，并进行核对、标定。随着锅炉压力的升高，就地水位计指示值越低于汽包真实水位，下表给出不同压力下就地水位计的正常水位示值和汽包实际零水位的差值 Δh，仅供参考： 汽包压力（MPa）：16.14～17.65 / 17.66～18.39 / 18.40～19.60 Δh（mm）：−51 / −102 / −150	1	查施工图纸是否符合制造厂要求，是否进行核对、标定				
6.4.5	按规程要求定期对汽包水位计进行零位校验，核对各汽包水位测量装置间的示值偏差，当偏差大于30mm时，应立即汇报，并查明原因予以消除。当不能保证两种类型水位计正常运行时，必须停炉处理	1	查规程中是否明确规定汽包水位计零位校验要求				
		2	查汽包水位计定期零位校验记录是否符合规定要求				
6.4.6	严格按照运行规程及各项制度，对水位计及其测量系统进行检查及维护。机组启动调试时应对汽包水位校正补偿方法进行校对、验证，并进行汽包水位计的热态调整及校核。新机组验收时应有汽包水位计安装、调试及试运专项报告，列入验收主要项目之一	1	查规程及各项制度中是否有对汽包水位计及其测量系统检查规定				
		2	查运行记录，了解汽包水位计及其测量系统的检查记录是否符合要求				
		3	查机组启动调试时对汽包水位校正补偿方法进行的校对、验证记录及机组启动正常时对汽包水位计进行的热态调整及校核记录是否符合要求				
		4	查验收资料中汽包水位计安装、调试及试运专项报告				
6.4.7	当一套水位测量装置因故障退出运行时，应填写处理故障的工作票，工作票应写明故障原因、处理方案、危险因素预告等注意事项，一般应在8h内恢复。若不能完成，应制订措施，经总工程师批准，允许延长工期，但最多不能超过24h，并报上级主管部门备案	1	查缺陷管理中有无汽包水位测量装置处理缺陷记录，汽包水位测量装置处理缺陷工作票中应写明故障原因、处理方案、危险因素预告等注意事项				
		2	查缺陷消除时间在8h以内，如8h不能消除缺陷，制订有相应措施，并经总工程师批准，工期延长不超过24h				
		3	现场验证同类型水位计之间的偏差符合要求，否则检查相应处理措施，确认其符合要求				

编号	条文规定	小项	检查内容	是否符合	评价	检查人	备注
6.4.8	锅炉高、低水位保护	10					
6.4.8.1	锅炉汽包水位高、低保护应采用独立测量的三取二的逻辑判断方式。当有一点因某种原因须退出运行时，应自动转为二取一的逻辑判断方式，办理审批手续，限期（不宜超过 8h）恢复；当有两点因某种原因须退出运行时，应自动转为一取一的逻辑判断方式，应制定相应的安全运行措施，严格执行审批手续，限期（8h 以内）恢复，如逾期不能恢复，应立即停止锅炉运行。当自动转换逻辑采用品质判断等作为依据时，要进行详细试验确认，不可简单地采用超量程等手段作为品质判断	1	查规程（或缺陷管理制度等文件）中明确参与汽包水位高、低保护的测点投退要求符合规定				
		2	查 DCS 逻辑组态中，锅炉汽包水位高、低保护采用独立测量的三取二的逻辑判断方式，且逻辑中明确一点退出，自动转为二取一的逻辑判断方式，并报警；当有两点因某种原因须退出运行时，应自动转为一取一的逻辑判断方式，并报警				
		3	查缺陷管理中记录的参与汽包水位高、低保护的测点消缺符合要求				
		4	如 DCS 逻辑组态中汽包水位自动转换逻辑采用品质判断等作为依据时，进行了详细试验确认，未简单采用超量程等手段作为品质判断				
6.4.8.2	锅炉汽包水位保护所用的三个独立的水位测量装置输出的信号均应分别通过三个独立的 I/O 模件引入分散控制系统的冗余控制器。每个补偿用的汽包压力变送器也应分别独立配置，其输出信号引入相对应的汽包水位差压信号 I/O 模件	1	电子间查锅炉汽包水位保护控制柜中各测量装置设置符合要求				
6.4.8.3	锅炉汽包水位保护在锅炉启动前和停炉前应进行实际传动校检。用上水方法进行高水位保护试验、用排污门放水的方法进行低水位保护试验，严禁用信号短接方法进行模拟传动替代	1	根据锅炉启、停记录，查启动前和停炉后汽包水位实际传动校检是否符合要求				
6.4.8.4	锅炉汽包水位保护的定值和延时值随炉型和汽包内部结构不同而异，具体数值应由锅炉制造厂确定	1	查锅炉保护定值是否符合制造厂要求和设计要求				
6.4.8.5	锅炉水位保护的停退，必须严格执行审批制度	1	查规程（或自动、保护投退规定）中明确锅炉水位停退要求				
		2	查锅炉水位保护的停退审批程序符合制度要求				

编号	条文规定	小项	检查内容	是否符合	评价	检查人	备注
6.4.8.6	汽包锅炉水位保护是锅炉启动的必备条件之一,水位保护不完整严禁启动	1	查保护投退记录,验证锅炉启动时水位保护符合要求				
6.4.9	当在运行中无法判断汽包真实水位时,应紧急停炉	1	查规程符合要求				
6.4.10	对于控制循环锅炉,应设计炉水循环泵差压低停炉保护。炉水循环泵差压信号应采用独立测量的元件,对于差压低停泵保护应采用二取二的逻辑判别方式,当有一点故障退出运行时,应自动转为二取一的逻辑判断方式,并办理审批手续,限期恢复(不宜超过8h)。当两点故障超过4h时,应立即停止该炉水循环泵运行	1	对于控制循环锅炉,查DCS组态符合要求				
		2	查缺陷记录,验证炉水循环泵差压信号故障时处理措施符合要求				
6.4.11	对于直流炉,应设计省煤器入口流量低保护,流量低保护应遵循三取二原则。主给水流量测量应取自三个独立的取样点、传压管路和差压变送器并进行三选中后的信号	1	查DCS组态中符合要求				
		2	现场检查主给水流量测量取自三个独立的取样点、传压管路和差压变送器				
6.4.12	直流炉应严格控制燃水比,严防燃水比失调。湿态运行时应严密监视分离器水位,干态运行时应严密监视微过热点(中间点)温度,防止蒸汽带水或金属壁温超温	1	查 DCS 组态中有关湿态及干态运行自动逻辑符合要求				
		2	抽查DCS历史趋势,确认低负荷阶段受热面壁温偏差符合规程要求				
6.4.13	高压加热器保护装置及旁路系统应正常投入,并按规程进行试验,保证其动作可靠,避免给水中断。当因某种原因需退出高压加热器保护装置时,应制定措施,严格执行审批手续,并限期恢复	1	从DCS历史数据、缺陷记录、保护装置投退记录等处获取高压加热器保护装置退出情况,查该保护装置退出时相应措施、审批手续及处理缺陷恢复时间符合要求				
6.4.14	给水系统中各备用设备应处于正常备用状态,按规程定期切换。当失去备用时,应制定安全运行措施,限期恢复投入备用	1	查设备定期切换试验符合要求				
		2	查缺陷管理,验证给水系统备用设备投入备用时制定有安全运行措施,并按要求投入备用				
6.4.15	建立锅炉汽包水位、炉水泵差压及主给水流量测量系统的维修和设备缺陷档案,对各类设备缺陷进行定期分析,找出原因及处理对策,并实施消缺	1	查规程相关内容				

编号	条文规定	小项	检查内容	是否符合	评价	检查人	备注
6.4.16	运行人员必须严格遵守值班纪律，监盘思想集中，经常分析各运行参数的变化，调整要及时，准确判断及处理事故。不断加强运行人员的培训，提高其事故判断能力及操作技能	1	现场跟踪确认运行人员班前会、班后会符合要求，运行人员纪律严明、监盘认真，能够根据参数变化及时调整、准确判断及处理事故				
		2	查运行人员培训计划、记录，培训是否满足运行人员技能需求				
6.5	防止锅炉承压部件失效事故	82					
6.5.1	各单位应成立防止压力容器和锅炉爆漏工作小组，加强专业管理、技术监督管理和专业人员培训考核，健全各级责任制	1	成立了防止压力容器和锅炉爆漏工作小组，职责明确，人员配置合理				
		2	运行值班工经过特种设备资格培训，取得了相应资格证书				
		3	各技术监督管理人员具有一定的专业知识，并取得了相应资格证书，可以指导本专业工作				
6.5.2	严格锅炉制造、安装和调试期间的监造和监理。新建锅炉承压部件在安装前必须进行安全性能检验，并将该项工作前移至制造厂，与设备监造工作结合进行。新建锅炉承压部件在制造过程中应派有资格的检验人员到制造现场进行水压试验见证、文件见证和制造质量抽检；新建锅炉在安装阶段应进行安全性能监督检验。在役锅炉结合每次大修开展锅炉定期检验。锅炉检验项目和程序按《特种设备安全监察条例》（国务院令第549号）、《锅炉定期检验规则》（质技监局锅发〔1999〕202号）和《电站锅炉压力容器检验规程》（DL 647—2004）《锅炉安全技术监察规程》（TSG G 0001—2012）及《固定式压力容器安全技术监察规程》（TSG 21—2016）等相关规定进行	1	查锅炉制造、安装和调试期间的监造和监理报告齐全，内容完善				
		2	新建锅炉承压部件在制造厂时经有资质的检验单位进行安全性能检验，检验报告齐全				
		3	检查水压试验见证、文件见证和制造质量抽检报告，确认基建期间派有资格的检验人员到制造现场进行见证				
		4	新建锅炉在安装阶段进行了安全性能监督检验，检查报告内容是否齐全				
6.5.3	防止超压超温	15					
6.5.3.1	严防锅炉缺水和超温超压运行，严禁在水位表数量不足（指能正确指示水位的水位表数量）、安全阀解列的状况下运行	1	查锅炉超温超压台账（超温台账包括受热面管壁超温和蒸汽参数超温），查缺陷管理系统，验证锅炉运行期间能正确指示水位的水位表数量符合要求，安全阀正常投运				

编号	条文规定	小项	检查内容	是否符合	评价	检查人	备注
6.5.3.2	参加电网调峰的锅炉,运行规程中应制定相应的技术措施。按调峰设计的锅炉,其调峰性能应与汽轮机性能相匹配;非调峰设计的锅炉,其调峰负荷的下限应由水动力计算、试验及燃烧稳定性试验确定,并在运行规程制定相应的反事故措施	1	查规程中有锅炉调峰时的相应技术措施				
		2	按调峰设计的锅炉,其调峰性能与汽轮机性能相匹配				
		3	非调峰设计的锅炉,其调峰负荷的下限应由水动力计算、试验及燃烧稳定性试验确定,并在运行规程制定有相应的反事故措施				
6.5.3.3	直流锅炉的蒸发段、分离器、过热器、再热器出口导汽管等应有完整的管壁温度测点,以便监视各导汽管间的温度,并结合直流锅炉蒸发受热面的水动力分配特性,做好直流锅炉燃烧调整工作,防止超温爆管	1	直流锅炉管壁温度测点符合要求。查锅炉运行中超温台账、机组停运台账及相关超温管理规定,分析是否重视锅炉燃烧调整工作,防止超温爆管				
6.5.3.4	锅炉超压水压试验和安全阀整定应严格按《锅炉水压试验技术条件》(JB/T 1612)、《电力行业锅炉压力容器安全监督规程》(DL/T 612—2017)、《电站锅炉压力容器检验规程》(DL/T 647)执行	1	查压力容器专责及锅炉专业技术人员熟知规范的要求				
		2	锅炉超压水压试验报告符合规定				
		3	锅炉安全阀整定报告符合规定,整定单位资质齐全				
6.5.3.5	装有一、二级旁路系统的机组,机组启停时应投入旁路系统,旁路系统的减温水须正常可靠	1	查机组启、停曲线,确认机组启动期间一、二级旁路系统能够正常投入,旁路系统的减温水正常可靠				
6.5.3.6	锅炉启停过程中,应严格控制汽温变化速率。在启动中应加强燃烧调整,防止炉膛出口烟温超过规定值	1	查机组启动曲线,各阶段温变率及各部烟温符合规程、操作票要求				
6.5.3.7	加强直流锅炉的运行调整,严格按照规程规定的负荷点进行干湿态转换操作,并避免在该负荷点长时间运行	1	对于直流锅炉,查规程中明确规定干湿态转换负荷区域				
		2	查直流锅炉启动曲线,确认干湿态转换符合规程要求				
6.5.3.8	大型煤粉锅炉受热面使用的材料应合格,材料的允许使用温度应高于计算壁温并保留裕度。应配置必要的炉膛出口或高温受热面两侧烟温测点、高温受热面壁温测点,并加强对烟温偏差和受热面壁温的监视和调整	1	检查锅炉受热面材料均有出厂合格证,入库时进行了外观、尺寸、光谱复查等检验,合格后入库,确保购买的受热面材料是合格产品;查阅炉温探针运行维护记录;现场查阅 DCS 烟温测点运行情况				

编号	条文规定	小项	检查内容	是否符合	评价	检查人	备注
6.5.3.8	大型煤粉锅炉受热面使用的材料应合格，材料的允许使用温度应高于计算壁温并保留裕度。应配置必要的炉膛出口或高温受热面两侧烟温测点、高温受热面壁温测点，并加强对烟温偏差和受热面壁温的监视和调整	2	受热面材料更换前进行光谱复查，使用代用材料时，有总工程师审批手续（查设备检修台账中有无受热面代用材料）				
		3	管壁温度报警值依据锅炉说明书及运行实际情况设定				
6.5.4	防止设备大面积腐蚀	17					
6.5.4.1	严格执行《火力发电机组及蒸汽动力设备水汽质量》（GB 12145—2008）、《超临界火力发电机组水汽质量标准》（DL/T 912—2005）、《化学监督导则》（DL/T 246—2006）、《火力发电厂水汽化学监督导则》（DL/T 561—2003）、《电力基本建设热力设备化学监督导则》（DL/T 889—2004）、《火力发电厂凝汽器管选材导则》（DL/T 712—2000）、《火力发电厂停（备）用热力设备防锈蚀导则》（DL/T 956—2005）、《火力发电厂锅炉化学清洗导则》（DL/T 794—2012）等有关规定，加强化学监督工作	1	检查是否结合本厂制定了汽水化学监督实施细则				
		2	查化学监督报表，各项指标是否符合标准要求				
6.5.4.2	凝结水的精处理设备严禁退出运行。机组启动时应及时投入凝结水精处理设备（直流锅炉机组在启动冲洗时即应投入精处理设备），保证精处理出水质量合格	1	查运行记录，机组运行期间凝结水精处理设备正常投运				
		2	查机组启动期间，在 Fe 浓度小于 1000μg/L 时，逐步投入前置过滤器、高速混床				
6.5.4.3	精处理再生时要保证阴阳树脂的完全分离，防止再生过程的交叉污染，阴树脂的再生剂应采用高纯碱，阳树脂的再生剂采用合成酸。精处理树脂投运前应充分正洗，防止树脂中的残留再生酸带入水汽系统造成炉水 pH 值大幅降低	1	查运行中精处理树脂再生后混脂进行冲洗，导电度不大于 0.1μS/cm				
6.5.4.4	应定期检查凝结水精处理混床和树脂捕捉器的完好性，防止凝结水混床在运行过程中发生跑漏树脂	2	查维护定期工作记录，确认正常运行期间凝结水精处理混床和树脂捕捉器性能符合要求				

编号	条文规定	小项	检查内容	是否符合	评价	检查人	备注
6.5.4.5	加强循环冷却水系统的监督和管理，严格按照动态模拟试验结果控制循环水的各项指标，防止凝汽器管材腐蚀结垢和泄漏。当凝汽器管材发生泄漏造成凝结水品质超标时，应及时查找、堵漏	1	查循环水的 pH 值、碱度、氯根、硫酸根和总磷符合规程要求，防止循环水系统结垢				
		2	查凝结水硬度合格，当凝汽器管材发生泄漏造成凝结水品质超标时，及时进查找、堵漏，措施得力				
6.5.4.6	当运行机组发生水汽质量劣化时，严格按《火力发电厂水汽化学监督导则》（DL/T 561—2013）中的 4.3、《火电厂汽水化学导则 第 4 部分：锅炉给水处理》（DL/T 805.4—2016）中的第 10 章处理及《超临界火力发电机组水汽质量标准》（DL/T 912—2005）中的第 9 章处理，严格执行"三级处理"原则	1	查启动机组期间各阶段冲洗合格（冲洗指标符合规程要求），保证不合格水不进系统、不合格水不回收、不合格汽不并汽				
6.5.4.7	按照《火力发电厂停（备）热力设备防锈蚀导则》（DL/T 956—2005）进行机组停用保护，防止锅炉、汽轮机、凝汽器（包括空冷岛）等热力设备发生停用腐蚀	1	查机组停运后锅炉、汽轮机、凝汽器（包括空冷岛）的停用保养措施是否符合规程要求				
6.5.4.8	加强凝汽器的运行管理与维护工作。安装或更新凝汽器铜管前，要对铜管进行全面涡流探伤和内应力抽检（24h 氨熏试验），必要时进行退火处理。铜管试胀合格后，方可正式胀管，以确保凝汽器铜管及胀管的质量。电厂应结合大修对凝汽器铜管腐蚀及减薄情况进行检查，必要时应进行涡流探伤检查	1	安装或更新凝汽器铜管、不锈钢、钛管等前，要对铜管全面进行探伤检查				
		2	凝汽器的铜管选择应遵守《凝汽器铜管选用导则》《发电厂凝汽器及辅机冷却器管材导则》（DL/T 712—2010）所规定的原则				
		3	凝汽器铜管胀接完成后，应对管口和管板做进一步防腐和密封处理				
6.5.4.9	加强锅炉燃烧调整，改善贴壁气氛，避免高温腐蚀。锅炉改燃非设计煤种时，应全面分析新煤种高温腐蚀特性，采取有针对性的措施。锅炉采用主燃区过量空气系数低于 1.0 的低氮燃烧技术时应加强贴壁气氛监视和大小修时对锅炉水冷壁管壁高温腐蚀趋势的检查工作	1	锅炉改燃非设计煤种时，应全面分析燃用煤种特性，必要时进行燃烧调整试验，探索相应调整措施避免高温腐蚀				
		2	燃烧器进行重大改造时，应进行相应的燃烧调整与试验，避免高温腐蚀				
		3	查 DCS 记录中锅炉氧量运行曲线符合要求，配合燃烧调整，改善贴壁气氛，避免或减弱高温腐蚀				

编号	条文规定	小项	检查内容	是否符合	评价	检查人	备注
6.5.4.10	锅炉水冷壁结垢量超标时应及时进行化学清洗，对于超临界直流锅炉必须严格控制汽水品质，防止水冷壁运行中垢的快速沉积	1	查化学监督报表，确认超临界直流锅炉汽水品质控制合格				
6.5.5	防止炉外管爆破	13					
6.5.5.1	加强炉外管巡视，对管系振动、水击、膨胀受阻、保温脱落等现象应认真分析原因，及时采取措施。炉外管发生漏气、漏水现象，必须尽快查明原因并及时采取措施，如不能与系统隔离处理应立即停炉	1	查巡检记录，有异常时能够认真分析原因并及时进行处理				
		2	查运行日志，在炉外管发生泄漏时，能及时查明原因并采取措施，如不能与系统隔离处理的立即停炉				
6.5.5.2	按照《火力发电厂金属技术监督规程》（DL/T 438—2009），对汽包、集中下降管、联箱、主蒸汽管道、再热蒸汽管道、弯管、弯头、阀门、三通等大口径部件及其焊缝进行检查，及时发现和消除设备缺陷。对于不能及时处理的缺陷，应对缺陷尺寸进行定量检测及监督，并做好相应技术措施	1	检查检验报告				
		2	发现有缺陷设备不能及时处理时，在检验报告里体现了缺陷尺寸、位置和缺陷类型，进行监督运行（一旦确认为裂纹缺陷需立即处理），及时消除缺陷				
6.5.5.3	定期对导汽管、汽水联络管、下降管等炉外管以及联箱封头、接管座等进行外观检查、壁厚测量、圆度测量及无损检测，发现裂纹、冲刷减薄或圆度异常复圆等问题应及时采取打磨、补焊、更换等处理措施	1	检查检验报告				
6.5.5.4	加强对汽水系统中的高中压疏水、排污、减温水等小径管的管座焊缝、内壁冲刷和外表腐蚀现象的检查，发现问题及时更换	1	检查检验报告				
6.5.5.5	按照《火力发电厂汽水管道与支吊架维修调整导则》（DL/T 616—2006）的要求，对支吊架进行定期检查。运行时间达到100000h的主蒸汽管道、再热蒸汽管道的支吊架应进行全面检查和调整	1	查定期检查记录				
6.5.5.6	对于易引起汽水两相流的疏水、空气等管道，应重点检查其与母管相连的角焊缝、母管开孔的内孔周围、弯头等部位的裂纹和冲刷，其管道、弯头、三通和阀门，运行100000h后，宜结合检修全部更换	1	查施工方案有相关要求				

编号	条文规定	小项	检查内容	是否符合	评价	检查人	备注
6.5.5.8	在检修中,应重点检查可能因膨胀和机械原因引起的承压部件爆漏的缺陷	1	查施工方案相关要求				
6.5.5.10	锅炉水压试验结束后,应严格控制泄压速度,并将炉外蒸汽管道存水完全放净,防止发生水击	1	查锅炉水压试验制订有完善的方案				
		2	查水压试验结束后泄压速度及放水等操作符合水压试验方案要求				
6.5.5.11	焊接工艺、质量、热处理及焊接检验应符合《火力发电厂焊接技术规程》(DL/T 869—2012)和《火力发电厂焊接热处理技术规程》(DL/T 819—2010)的有关规定	1	抽查焊接工艺、热处理工艺,焊接检验报告符合相关标准规定				
6.5.5.12	锅炉投入使用前必须按照《锅炉压力容器使用登记管理办法》(国质检锅〔2003〕207号)办理注册登记手续,申领使用证。不按规定检验、申报注册的锅炉,严禁投入使用	1	检查锅炉办理有无使用证,并按照规定进行定期检验				
6.5.6	防止锅炉"四管"爆漏	11					
6.5.6.1	建立锅炉承压部件防磨防爆设备台账,制订和落实防磨防爆定期检查计划、防磨防爆预案,完善防磨防爆检查、考核制度	1	建立有防磨防爆检查小组,职责明确				
		2	建立详细的防磨防爆检查、考核制度				
		3	制订有防磨防爆定期检查计划、防磨防爆预案,依据计划、预案检查落实情况(查防磨防爆检查记录、台账)				
		4	建立详细的防磨防爆台账,包括检查方法、检查结果、处理结果、奖惩记录等				
6.5.6.2	在有条件的情况下,应采用泄漏监测装置。过热器、再热器、省煤器管发生爆漏时,应及时停运,防止扩大冲刷损坏其他管段	1	检查泄漏监测装置正常投运				
		2	检查泄漏台账,检查受热面泄漏情况记录,确认过热器、再热器、省煤器管发生爆漏时均及时停运,防止扩大冲刷损坏其他管段				
6.5.6.3	定期检查水冷壁刚性梁四角连接及燃烧器悬吊机构,发现问题及时处理。防止因水冷壁晃动或燃烧器与水冷壁鳍片处焊缝受力过载拉裂而造成水冷壁泄漏	1	查调试运行记录				

编号	条文规定	小项	检查内容	是否符合	评价	检查人	备注
6.5.6.4	加强蒸汽吹灰设备系统的维护及管理。在蒸汽吹灰系统投入正式运行前，应对各吹灰器蒸汽喷嘴伸入炉膛内的实际位置及角度进行测量、调整，并对吹灰器的吹灰压力进行逐个整定，避免吹灰压力过高。运行中有吹灰器卡涩、进汽门关闭不严等问题，应及时将吹灰器退出并关闭进汽门，避免受热面被吹损，并通知运行人员处理	1	查蒸汽吹灰设备运行、维护管理制度和相关记录				
		2	检查吹灰器行程经过区域内受热面管壁无吹损情况，如检查有异常查明原因并处理				
6.5.6.5	锅炉发生"四管"爆漏后，必须尽快停炉。在对锅炉运行数据和爆口位置、数量、宏观形貌、内外壁情况等信息做全面记录后方可进行割管和检修。应对发生爆口的管道进行宏观分析、金相组织分析和力学性能试验，并对结垢和腐蚀产物进行化学成分分析，根据分析结果采取相应措施	1	检查"四管"爆漏后的处理措施符合程序，避免破坏原始缺陷情况，影响原因分析				
		2	每次爆管按要求进行相关试验，分析爆管原因，针对原因采取相应整改措施，形成正式报告				
6.5.7	防止超（超超）临界锅炉高温受热面管内氧化皮大面积脱落	17					
6.5.7.1	超（超超）临界锅炉受热面设计必须尽可能减少热偏差，各段受热面必须布置足够的壁温测点，测点应定期检查校验，确保壁温测点的准确性	1	查锅炉厂资料，该锅炉在受热面设计中考虑了减少热偏差的措施，并保证各工况下热偏差符合要求。各段受热面壁温测点布置能够满足需要				
		2	查定期工作标准（或制度）中对锅炉各段受热面壁温测点的检查校验规定合理				
		3	查维护台账，锅炉各段受热面壁温测点的检查校验符合要求				
6.5.7.2	高温受热面管材的选取应考虑合理的高温抗氧化裕度	1	高温受热面管材的选择要求设计部门考虑合理的高温抗氧化裕度				
6.5.7.3	加强锅炉受热面和联箱监造、安装阶段的监督检查，必须确保用材正确，受热面内部清洁，无杂物。重点检查原材料质量证明书、入厂复检报告和进口材料的商检报告	2	检查安装阶段的检验报告和制造期的监造报告，安装期间甲方人员全程介入，进行全过程管理和监督，确保安装质量				
		3	检查原材料质量证明书、入厂复检报告和进口材料的商检报告符合要求				

编号	条文规定	小项	检查内容	是否符合	评价	检查人	备注
6.5.7.4	必须准确掌握各受热面多种材料拼接情况,合理制定壁温定值	1	建立健全设备台账,熟知受热面管排的材料组成,结合锅炉说明书和锅炉厂意见,合理制定壁温定值				
6.5.7.5	必须重视试运中酸洗、吹管工艺质量,吹管完成过热器高温受热面联箱和节流孔必须进行内部检查、清理工作,确保联箱及节流圈前清洁无异物	1	查机组试运报告,确认试运中酸洗、吹管各工作符合要求。吹管完成后过热器高温受热面联箱和节流孔进行了内部检查、清理工作,确保联箱及节流圈前清洁无异物				
6.5.7.6	不论是机组启动过程,还是运行中,都必须建立严格的超温管理制度,认真落实,严格执行规程,杜绝超温	1	制定有严格的《超温管理制度》,建立有详实的超温台账(包括受热面管壁超温和蒸汽参数超温),并在DCS中抽查各参数曲线,证明超温管理符合制度要求				
6.5.7.7	发现受热面泄漏,必须立即停机处理	1	查以往运行记录,确认发现受热面泄漏后立即停机处理				
6.5.7.8	严格执行厂家设计的启动、停止方式和变负荷、变温速率	1	调阅DCS相关曲线,抽查锅炉启动、停止方式及变负荷、变温速率是否符合锅炉厂要求				
6.5.7.9	机组运行中,尽可能通过燃烧调整,结合平稳使用减温水和吹灰,减少烟温、汽温和受热面壁温偏差,保证各段受热面吸热正常,防止超温和温度突变	1	规程中明确规定机组运行中减少热偏差的调整手段。调阅DCS相关曲线,查阅锅炉运行中各部热偏差符合要求,超温及温度突变得到控制				
6.5.7.10	对于存在氧化皮问题的锅炉,严禁停炉后强制通风快冷	1	对于存在氧化皮问题的锅炉,检查运行记录,并抽查DCS相关测点历史趋势,确认无停炉后强制通风快冷的情况				
6.5.7.11	加强汽水监督,给水品质达到《超临界火力发电机组水质量标准》(DL/T 912—2005)	1	查规程相关内容				
6.5.7.13	加强对超(超超)临界机组锅炉过热器的高温段联箱、管排下部弯管和节流圈的检查,以防止由于异物和氧化皮脱落造成的堵管爆破事故。对弯曲半径较小的弯管应进行重点检查	1	查检修记录				

编号	条文规定	小项	检查内容	是否符合	评价	检查人	备注
6.5.7.14	加强新型高合金材质管道和锅炉蒸汽连接管的使用过程中的监督检验，每次检修均应对焊口、弯头、三通、阀门等进行抽查，尤其应注重对焊接接头中危害性缺陷（如裂纹、未熔合等）的检查和处理，不允许存在超标缺陷的设备投入运行，以防止泄漏事故；对于记录缺陷也应加强监督，掌握缺陷在运行过程中的变化规律及发展趋势，对可能造成的隐患提前做出预判	1	查检修记录				
6.5.7.15	加强新型高合金材质管道和锅炉蒸汽连接管运行过程中材质变化规律的分析，定期对P91、P92、P122等材质的管道和管件进行硬度和微观金相组织定点跟踪抽查，积累试验数据并与国内外相关的研究成果进行对比，掌握材质老化的规律，一旦发现材质劣化严重应及时进行更换。对于应用于高温蒸汽管道的P91、P92、P122等材质的管道，如果发现硬度低于180HB，管件硬度低于175HB，应及时分析原因，进行金相组织检验，强度计算与寿命评估，并根据评估结果进行相应措施。焊缝硬度超出控制范围，首先在原测点附近两处和原测点180°位置再次测量；其次在原测点可适当打磨较深位置，打磨后的管子壁厚不应小于管子的最小计算壁厚	1	查检验记录				
6.5.8	奥氏体不锈钢小管的监督	2					
6.5.8.1	奥氏体不锈钢管子蠕变应变大于4.5%，低合金钢管外径蠕变应变大于2.5%，碳素钢管外径蠕变应变大于3.5%，T91、T122类管子外径蠕变应变大于1.2%，应进行更换	1	查施工方案相关内容				
6.5.8.2	对于奥氏体不锈钢管子要结合大修检查钢管及焊缝是否存在沿晶、穿晶裂纹，一旦发现应及时换管	1	查施工方案相关内容				

10 防止压力容器等承压设备爆破事故

编号	条文规定	小项	检查内容	是否符合	评价	检查人	备注
7	防止压力容器等承压设备爆破事故	40					
7.1	防止承压设备超压	29					
7.1.1	根据设备特点和系统的实际情况，制定每台压力容器的操作规程。操作规程中应明确异常工况的紧急处理方法，确保在任何工况下压力容器不超压、超温运行	1	查阅压力容器技术档案的建立情况，内容包括使用登记证、特种设备使用登记表等，可参照《压力容器使用管理规则》（TSG R5002—2013）				
		2	查阅压力容器操作人员的专业培训持证上岗情况，检查运行人员的特种设备作业人员证，并要求在有效期内				
		3	查阅每台压力容器的操作规程，遇到异常时的处理措施				
		4	通过运行记录查阅若有异常工况时的紧急处理措施				
		5	查阅运行记录是否存在压力容器超压、超温情况，检查原因分析和预防措施落实情况				
7.1.2	各种压力容器安全阀应定期进行校验	1	查阅压力容器安全阀台账和定期校验记录，按规定每年至少进行一次定期校验				
7.1.3	运行中的压力容器及其安全附件（如安全阀、排污阀、监视表计、联锁、自动装置等）应处于正常工作状态。设有自动调整和保护装置的压力容器，其保护装置的退出应经单位技术总负责人批准。保护装置退出后，实行远控操作并加强监视，且应限期恢复	1	查阅压力容器及其附件的校验记录，现场检查检验标识				
		2	查阅运行中的压力容器及其安全附件的工作状态，检查内容参照《压力容器使用管理规则》（TSG R5002—2013）				
		3	设有自动调整和保护装置的压力容器，查阅运行记录，保护装置退出需经单位技术总负责人批准后才能执行				
		4	查阅运行记录，在保护装置退出后，要求实行远控操作并加强监视，限期恢复				

编号	条文规定	小项	检查内容	是否符合	评价	检查人	备注
7.1.4	除氧器的运行操作规程应符合《电站压力式除氧器安全技术规定》（能源安保〔1991〕709号）的要求。除氧器两段抽汽之间的切换点，应根据《电站压力式除氧器安全技术规定》（能源安保〔1991〕709号）进行核算后在运行规程中明确规定，并在运行中严格执行，严禁高压汽源直接进入除氧器	1	查阅除氧器的运行操作规程要符合规定要求				
		2	查阅操作规程，除氧器两段抽汽之间的切换点，要求进行核算后写进规程并严格执行				
		3	查阅运行规程，要有保证严禁高压汽源直接进入除氧器的措施				
7.1.5	使用中的各种气瓶严禁改变涂色，严防错装、错用；气瓶立放时应采取防止倾倒的措施；液氯钢瓶必须水平放置；放置液氯、液氨钢瓶、溶解乙炔气瓶场所的温度要符合要求。使用溶解乙炔气瓶者必须配置防止回火装置	1	现场检查使用中的各种气瓶有无改变涂色、错装、错用现象				
		2	现场检查气瓶立放时是否有防止倾倒的措施				
		3	现场检查液氯钢瓶，要求水平放置				
		4	现场检查放置液氯、液氨钢瓶、溶解乙炔气瓶场所的温度是否符合要求。仓库应阴凉通风，远离热源、火种，防止日光暴晒，严禁受热。库内照明应采用防爆照明灯。库房周围不得堆放任何可燃材料				
		5	现场检查使用溶解乙炔气瓶的防止回火装置配置情况				
7.1.6	压力容器内部有压力时，严禁进行任何修理或紧固工作	1	查阅压力容器工作票，具备检修条件时才能开展工作				
7.1.7	压力容器上使用的压力表，应列为计量强制检验表计，按规定周期进行强检	1	查阅热工仪表检修记录和台账，查阅压力容器上的压力表检验记录，按规定周期进行强检，检查现场标识				
7.1.8	压力容器的耐压试验参考《固定式压力容器安全技术监察规程》（TSG 21—2016）进行	1	容器安装前需在制造厂进行耐压试验，查阅厂家提供的耐压试验报告是否符合规程要求				
7.1.9	检查进入除氧器、扩容器的高压汽源，采取措施消除除氧器、扩容器超压的可能。推广滑压运行，逐步取消二段抽汽进入除氧器	1	查阅运行规程，是否采取措施消除除氧器、扩容器超压				
		2	查阅操作规程，推广滑压运行，逐步取消二段抽汽进入除氧器				

编号	条文规定	小项	检查内容	是否符合	评价	检查人	备注
7.1.10	单元制的给水系统,除氧器上应配备不少于两只全启式安全门,并完善除氧器的自动调压和报警装置	1	现场检查除氧器上全启式安全门配备不少于两只				
		2	查阅安全门校验记录,检查除氧器的自动调压和报警装置,保证安全门运行正常				
7.1.11	除氧器和其他压力容器安全阀的总排放能力,应能满足其在最大进汽工况下不超压	1	除氧器和其他压力容器安全阀的总排放能力,满足其在最大进汽工况下不超压,查阅运行记录或设备台账				
7.1.12	高压加热器等换热容器,应防止因水侧换热管泄漏导致的汽侧容器筒体冲刷减薄。全面检查时应增加对水位附近筒体减薄的检查内容	1	查阅容器检验项目,试运过程中加强加热器泄漏监视,发现异常及时处理				
7.1.13	氧气瓶、乙炔气瓶等气瓶在户外使用必须竖直放置,不得放置阳光下暴晒,必须放在阴凉处	1	现场检查氧气瓶、乙炔气瓶等气瓶在户外使用时的放置情况				
7.1.14	氧气瓶、乙炔气瓶等气瓶不得混放,不得在一起搬运	1	现场检查气瓶存放和运输情况				
7.2	防止氢罐爆炸事故	3					
7.2.1	制氢站应采用性能可靠的压力调整器,并加装液位差越限联锁保护装置和氢侧氢气纯度表,在线氢中含氧量、氧中含氢量监测仪表,防止制氢设备爆炸		现场检查制氢站配备的各种保护装置和监测仪表,保证仪表正常工作,并在有效检验周期内				
7.2.2	对制氢系统及氢罐的检修要进行可靠的隔离	1	现场检查制氢系统及氢罐的检修是否进行可靠的隔离,禁止在制氢站中或氢冷发电机与储氢罐近旁进行明火作业或进行能产生火花的工作				
7.2.3	氢罐应按照《压力容器定期检验规则》(TSGR7001—2013)的要求进行定期检验	1	查定期检验记录				
7.3	严格执行压力容器定期检验制度	5					
7.3.1	电厂热力系统压力容器定期检验时,应对与压力容器相连的管系进行检查,特别应对蒸汽进口附近的内表面热疲劳和加热器疏水管段冲刷、腐蚀情况进行检查。防止爆破汽水喷出伤人	1	查定期检验记录				

编号	条文规定	小项	检查内容	是否符合	评价	检查人	备注
7.3.2	禁止在压力容器上随意开孔和焊接其他构件。若涉及在压力容器筒壁上开孔或修理改造时，须按照《固定式压力容器安全技术监察规程》（TSG 21—2016）第5.2条"改造和重大修理"进行	1	检查安装记录和设计图纸，有在压力容器上随意开孔和焊接其他构件的情况时，检查开孔方案和审批情况				
7.3.4	在订购压力容器前，应对设计单位和制造厂商的资格进行审核，其供货产品必须附有"压力容器产品质量证明书"和制造厂所在地锅炉压力容器监检机构签发的"监检证书"。要加强对所购容器的质量验收，特别应参加容器水压试验等重要项目的验收见证	1	订购压力容器前，审核设计单位和制造厂商的资格，是保证设备可靠性、安全性的重要环节，查阅相关单位的资格证书				
		2	查阅"压力容器产品质量证明书"和制造厂所在地锅炉压力容器监检机构签发的"监检证书"				
		3	应由有资质的单位对容器进行质量验收和参加水压试验，查阅检验报告				
7.4	加强压力容器注册登记管理	3					
7.4.1	压力容器投入使用必须按照《压力容器使用登记管理规则》（锅质检锅〔2003〕207号）办理注册登记手续，申领使用证。不按规定检验、申报注册的压力容器，严禁投入使用	1	检查每台容器的使用登记证				
		2	检查每台容器的检验报告，了解容器等级，及下次检验日期，查阅定期检验计划。每年对所用的压力容器至少进行一次年度检查				
7.4.3	使用单位对压力容器的管理，不仅要满足特种设备的法律法规技术性条款的要求，还要满足有关特种设备在法律法规程序上的要求。定期检验有效期届满的1个月以前，应向压力容器检验机构提出定期检验要求	1	查压力容器管理制度				

11 防止汽轮机、燃气轮机事故

编号	条文规定	小项	检查内容	是否符合	评价	检查人	备注
8	防止汽轮机、燃气轮机事故	259					
8.1	防止汽轮机超速事故	33					
8.1.1	在额定蒸汽参数下，调节系统应能维持汽轮机在额定转速下稳定运行，甩负荷后能将机组转速控制在超速保护动作值转速以下	1	检查汽轮机调节系统安装、调试记录、DCS 运行画面参数				
		2	检查甩负荷试验记录				
		3	检查汽轮机运行规程调节系统相关内容				
8.1.2	各种超速保护均应正常投入运行，超速保护不能可靠动作时，禁止机组运行	1	检查调试方案、调试记录、超速保护试验记录，保护可靠动作				
		2	检查运行规程、保护投退记录，OPC 超速保护（103%）、DEH 和 TSI 超速保护等是否正常投入				
8.1.3	机组重要运行监视表计，尤其是转速表，显示不正确或失效，严禁机组启动。运行中的机组，在无任何有效监视手段的情况下，必须停止运行	1	检查调试方案、调试记录、运行规程，机组重要运行监视表计是否符合启停要求				
		2	检查 DCS 运行画面，机组重要运行监视表计显示是否正常				
8.1.4	透平油和抗燃油的油质应合格。在油质及清洁度不合格的情况下，严禁机组启动	1	检查调试方案、运行规程是否有相关规定				
		2	检查机组启动前油质化验报告，确认油质及清洁度是否合格				
8.1.6	机组停机时，应先将发电机有功、无功功率减至零，检查确认有功功率到零，电能表停转或逆转以后，再将发电机与系统解列，或采用汽轮机手动打闸或锅炉手动主燃料跳闸联跳汽轮机，发电机逆功率保护动作解列，严禁带负荷解列	1	检查调试方案、运行规程是否有相关规定				
		2	检查停机 DCS 运行记录及调试记录是否符合要求				

编号	条文规定	小项	检查内容	是否符合	评价	检查人	备注
8.1.7	机组正常启动或停机过程中，应严格按运行规程要求投入汽轮机旁路系统，尤其是低压旁路；在机组甩负荷或事故状态下，旁路系统必须开启。机组再次启动时，再热蒸汽压力不得大于制造厂规定的压力值	1	检查机组正常启动或停机过程中旁路投退记录，严格按运行规程要求投入汽轮机旁路系统				
		2	检查机组甩负荷或事故状态时旁路运行记录，旁路系统是否开启				
		3	检查旁路联锁保护逻辑是否符合要求				
8.1.8	在任何情况下绝不可强行挂闸	1	检查调试方案、运行规程是否有相关规定				
		2	检查运行挂闸记录，挂闸前有无异常，是否符合规程要求				
8.1.9	汽轮发电机组轴系应安装两套转速监测装置，各自有独立的变送器，并分别装设在沿转子轴向不同的转子上	1	检查DCS运行画面				
		2	现场确认转速监测装置是否符合规定				
8.1.10	抽汽供热机组的可调整抽汽止回门关闭应严密、联锁动作应可靠，并必须设置有能快速关闭的抽汽截止门，以防止抽汽倒流引起超速	1	检查可调整抽汽止回门调试试验记录是否符合要求				
		2	现场确认抽汽截止门是否符合要求				
8.1.11	对新投产机组或调节系统经重大改造后的机组必须进行甩负荷试验	1	检查甩负荷试验记录是否符合要求				
8.1.12	坚持按规程要求进行危急保安器试验、汽门严密性试验、阀门活动试验、汽门关闭时间测试、抽汽止回门关闭时间测试	1	检查危急保安器试验、汽门严密性试验、门杆活动试验、汽门关闭时间测试记录、抽汽止回门关闭时间测试记录是否符合规程要求				
		2	检查调试方案、运行规程中是否有相关规定				
8.1.13	危急保安器动作转速一般为额定转速的110%±1%	1	检查危急保安器动作转速调试记录是否符合要求				
8.1.14	进行危急保安器试验时，在满足试验条件下，主蒸汽和再热蒸汽压力尽量取低值	1	检查危急保安器调试试验记录，主蒸汽和再热蒸汽压力是否符合规程要求				
		2	检查调试方案、运行规程是否有相关规定				

编号	条文规定	小项	检查内容	是否符合	评价	检查人	备注
8.1.15	数字式电液控制系统（DEH）应设有完善的机组启动逻辑和严格的限制启动条件；对机械液压调节系统的机组，也应有明确的限制条件	1	检查机组启动逻辑和限制启动条件是否符合规程要求				
8.1.16	汽轮机专业人员，必须熟知调节系统（DEH）的控制逻辑、功能及运行操作，参与 DEH 系统改造方案的确定及功能设计，以确保系统实用、安全、可靠	1	检查汽轮机专业人员是否熟悉调节系统逻辑、功能及运行操作				
		2	检查调试方案、运行规程是否有相关规定				
8.1.17	电液伺服阀（包括各类型电液转换器）的性能必须符合要求，否则不得投入运行。运行中要严密监视其运行状态，不卡涩、不泄漏和系统稳定。大修中要进行清洗、检测等维护工作。发现问题应及时处理或更换。备用伺服阀应按制造厂的要求条件妥善保管	1	检查机组调速系统静态调试记录，电液伺服阀是否符合要求				
		2	检查 DCS 运行画面参数及调试运行记录，电液伺服阀是否符合要求				
		3	检查备用伺服阀保管情况，是否符合要求				
8.1.18	主油泵轴与汽轮机主轴间具有齿型联轴器或类似联轴器的机组，应定期检查联轴器的润滑和磨损情况，其两轴中心标高、左右偏差应严格按制造厂的规定安装	1	检查主油泵安装记录是否符合制造厂的规定要求				
8.2	防止汽轮机轴系断裂及损坏事故	19					
8.2.1	机组主、辅设备的保护装置必须正常投入，已有振动监测保护装置的机组，振动超限跳机保护应投入运行；机组正常运行瓦振、轴振应达到有关标准的优良范围，并注意监视变化趋势	1	检查 DCS 运行记录参数及调试记录，检查汽轮机组保护是否正常投入				
		2	检查运行日志及保护投退记录				
		3	检查 DCS 运行记录及调试记录，各瓦振、轴振是否正常				
8.2.3	新机组投产前、已投产机组每次大修中，必须进行转子表面和中心孔探伤检查。对高温段应力集中部位可进行金相和探伤检查，选取不影响转子安全的部位进行硬度试验	1	检查汽轮机转子金属检查报告，硬度、金相和探伤等检查是否符合规程要求				

编号	条文规定	小项	检查内容	是否符合	评价	检查人	备注
8.2.4	不合格的转子绝不能使用，已经过主管部门批准并投入运行的有缺陷转子应进行技术评定，根据机组的具体情况、缺陷性质制定运行安全措施，并报主管部门审批后执行	1	检查汽轮机制造厂家转子出厂检验记录是否合格				
		2	检查制造厂家确认可以在一定时期内投入运行的有缺陷转子是否进行了技术评定，并制定相关运行安全措施				
8.2.5	严格按超速试验规程的要求，机组冷态启动带 10%～25%额定负荷，运行 3～4h 后（或按制造厂要求）立即进行超速试验	1	检查超速试验调试方案是否编写超速试验相关内容与要求				
		2	检查超速试验的试验记录是否符合要求				
		3	检查运行规程是否编写超速试验相关内容与要求				
8.2.6	新机组投产前和机组大修中，必须检查平衡块固定螺栓、风扇叶片固定螺栓、定子铁芯支架螺栓、各轴承和轴承座螺栓的紧固情况，保证各联轴器螺栓的紧固和配合间隙完好，并有完善的防松措施		现场检查主要部位螺栓紧固情况，是否有防松措施				
8.2.7	新机组投产前应对焊接隔板的主焊缝进行认真检查。大修中应检查隔板变形情况，最大变形量不得超过轴向间隙的三分之一	1	查焊接隔板安装和检验记录，主焊缝有无裂纹，是否符合要求				
8.2.8	为防止由于发电机非同期并网造成的汽轮机轴系断裂及损坏事故，应严格落实 10.9 防止发电机非同期并网规定各项措施	1	检查 DCS 运行画面参数及调试记录、保护记录是否出现过发电机非同期并网事故				
		2	如出现发电机非同期并网事故，是否对汽轮机叶片、轴系等进行全面检查，并进行分析与记录				
8.2.9	建立机组试验档案，包括投产前的安装调试试验、大小修后的调整试验、常规试验和定期试验	1	查机组试验档案资料，资料齐全，试验记录是否符合规程要求				
8.2.10	建立机组事故档案，无论大小事故均应建立档案，包括事故名称、性质、原因和防范措施	1	查机组事故档案资料，档案齐全，内容完整包括事故名称、性质、原因和防范措施，是否符合规程要求				

编号	条文规定	小项	检查内容	是否符合	评价	检查人	备注
8.2.11	建立转子技术档案，包括制造厂提供的转子原始缺陷和材料特性等转子原始资料；历次转子检修检查资料；机组主要运行数据、运行累计时间、主要运行方式、冷热态启停次数、启停过程中的汽温汽压负荷变化率、超温超压运行累计时间、主要事故情况的原因和处理	1	检查是否建立汽轮机转子技术档案				
		2	检查汽轮机制造厂原始出厂资料是否齐全				
		3	检查汽轮机转子安装记录及资料是否齐全				
		4	检查是否建立机组基础数据汇总表，包括主要运行方式、冷热态启停次数等相关数据				
8.3	防止汽轮机大轴弯曲事故	67					
8.3.1	应具备和熟悉掌握的资料： （1）转子安装原始弯曲的最大晃动值（双振幅），最大弯曲点的轴向位置及在圆周方向的位置	1	检查转子安装记录是否符合要求				
		2	检查运行规程是否编写相关内容与要求				
	（2）大轴弯曲表测点安装位置转子的原始晃动值（双振幅），最高点在圆周方向的位置	1	检查大轴弯曲安装记录是否符合要求				
		2	检查运行规程是否编写相关内容与要求				
	（3）机组正常启动过程中的波德图和实测轴系临界转速	1	检查调试报告，波德图和实测轴系临界转速记录是否完整				
	（4）正常情况下盘车电流和电流摆动值，以及相应的油温和顶轴油压	1	检查盘车调试记录是否符合规定				
		2	检查运行规程是否编写相关内容与要求				
	（5）正常停机过程的惰走曲线，以及相应的真空和顶轴油泵的开启时间和紧急破坏真空停机过程的惰走曲线	1	检查正常及非正常停机记录、调试报告是否符合要求				
		2	检查运行规程是否编写相关内容与要求				
	（6）停机后，机组正常状态下的汽缸主要金属温度的下降曲线	1	检查机组正常状态下的汽缸主要金属温度的下降曲线记录是否符合要求				
		2	检查运行规程是否编写相关内容与要求				
	（7）通流部分的轴向间隙和径向间隙	1	检查机组记录通流间隙记录，是否符合厂家要求，并明确最小间隙值				
		2	检查运行规程是否有通流最小间隙值				

编号	条文规定	小项	检查内容	是否符合	评价	检查人	备注
8.3.1	（8）应具有机组在各种状态下的典型启动曲线和停机曲线，并应全部纳入运行规程	1	检查调试方案、运行规程是否编写相关内容				
	（9）记录机组启停全过程中的主要参数和状态。停机后定时记录汽缸金属温度、大轴弯曲、盘车电流、汽缸膨胀、胀差等重要参数，直到机组下次热态启动或汽缸金属温度低于150℃为止	1	检查调试记录、运行记录是否符合要求				
	（10）系统进行改造、运行规程中尚未作具体规定的重要运行操作或试验，必须预先制定安全技术措施，经上级主管部门批准后再执行	1	检查调试方案、运行规程是否编写相关内容				
		2	检查系统改造后调试记录、运行记录是否符合要求				
8.3.2	汽轮机启动前必须符合以下条件，否则禁止启动： （1）大轴晃动、串轴、胀差、低油压和振动保护等表计显示正确，并正常投入	1	检查汽轮机调试记录及运行画面，大轴晃动、串轴、胀差、低油压和振动保护等表计显示是否正确，并正常投入				
		2	检查调试方案、运行规程是否编写相关内容				
	（2）大轴晃动值不超过制造厂的规定值或原始值的±0.02mm	1	检查汽轮机调试记录及运行画面是否符合规定要求				
		2	检查调试方案、运行规程是否编写相关内容，且有大轴晃动原始值记录				
	（3）高压外缸上、下缸温差不超过50℃，高压内缸上、下缸温差不超过35℃	1	检查汽轮机调试记录及运行画面是否符合规定要求				
		2	检查调试方案、运行规程是否编写相关内容				
	（4）主蒸汽温度必须高于汽缸最高金属温度50℃，但不超过额定蒸汽温度，且蒸汽过热度不低于50℃	1	检查汽轮机调试记录及运行画面是否符合规定要求				
		2	检查调试方案、运行规程是否编写相关内容				
8.3.3	机组启、停过程操作措施	20					
8.3.3.1	机组启动前连续盘车时间应执行制造厂的有关规定，至少不得少于2～4h，热态启动不少于4h。若盘车中断应重新计时	1	检查汽轮机运行规程、记录，连续盘车运行时间是否符合规定要求				
		2	检查调试方案、运行规程是否编写相关内容				

编号	条文规定	小项	检查内容	是否符合	评价	检查人	备注
8.3.3.2	机组启动过程中因振动异常停机必须回到盘车状态,应全面检查、认真分析、查明原因;当机组已符合启动条件时,连续盘车不少于4h才能再次启动,严禁盲目启动	1	检查汽轮机振动异常停机调试记录及运行画面,符合规定要求				
		2	检查调试方案、运行规程是否编写相关内容				
8.3.3.3	停机后立即投入盘车。当盘车电流较正常值大、摆动或有异音时,应查明原因及时处理。当汽封摩擦严重时,将转子高点置于最高位置,关闭汽缸疏水,保持上下缸温差,监视转子弯曲度,当确认转子弯曲度正常后,再手动盘车180°。当盘车盘不动时,严禁用吊车强行盘车	1	检查汽轮机停机后盘车记录是否符合规定要求				
		2	检查调试方案、运行规程是否编写相关内容				
8.3.3.4	停机后因盘车故障暂时停止盘车时,应监视转子弯曲度的变化,当弯曲度较大时,应采用手动盘车180°,待盘车正常后及时投入连续盘车	1	检查盘车故障暂时停止盘车记录是否符合规定要求				
		2	检查调试方案、运行规程是否编写相关内容				
8.3.3.5	机组热态启动前应检查停机记录,并与正常停机曲线进行比较,若有异常应认真分析,查明原因,采取措施及时处理	1	检查汽轮机热态启动记录是否符合规定要求				
		2	检查调试方案、运行规程是否编写相关内容				
8.3.3.6	机组热态启动投轴封供汽时,应确认盘车装置运行正常,先向轴封供汽,后抽真空。停机后,凝汽器真空到零,方可停止轴封供汽。应根据缸温选择供汽汽源,以使供汽温度与金属温度相匹配	1	检查启动、停机轴封供汽调试、运行记录是否符合规定要求				
		2	检查调试方案、运行规程是否编写相关内容				
8.3.3.7	疏水系统投入时,严格控制疏水系统各容器水位,注意保持凝汽器水位低于疏水联箱标高。供汽管道应充分暖管、疏水,严防水或冷汽进入汽轮机	1	检查汽轮机疏水系统调试、运行记录是否符合规定要求				
		2	检查调试方案、运行规程是否编写相关内容				
8.3.3.8	停机后应认真监视凝汽器(排汽装置)、高低压加热器、除氧器水位和主蒸汽及再热蒸汽冷段管道集水罐处温度,防止汽轮机进水	1	检查汽轮机停机后运行记录是否符合规定要求				
		2	检查调试方案、运行规程是否编写相关内容				
8.3.3.9	启动或低负荷运行时,不得投入再热蒸汽减温器喷水。在锅炉熄火或机组甩负荷时,应及时切断减温水	1	检查再热蒸汽减温器喷水运行记录是否符合规定要求				
		2	检查调试方案、运行规程是否编写相关内容				

编号	条文规定	小项	检查内容	是否符合	评价	检查人	备注
8.3.3.10	汽轮机在热状态下，若主蒸汽、再热蒸汽系统截止门不严密，则锅炉不得进行打水压试验	1	检查锅炉水压试验记录是否符合规定要求				
		2	检查调试方案、运行规程是否编写相关内容				
8.3.4	汽轮机发生下列情况之一，应立即打闸停机： （1）机组启动过程中，在中速暖机之前，轴承振动超过 0.03mm	1	检查汽轮机启动调试、运行记录，符合规定要求				
		2	检查调试方案、运行规程是否编写相关内容				
	（2）机组启动过程中，通过临界转速时，轴承振动超过 0.10mm 或相对轴振动值超过 0.26mm，应立即打闸停机，严禁强行通过临界转速或降速暖机	1	检查汽轮机启动调试、运行记录，是否符合规定要求				
		2	检查调试方案、运行规程是否编写相关内容				
	（3）机组运行中要求轴承振动不超过 0.03mm 或相对轴振动不超过 0.08mm，超过时应设法消除，当相对轴振动大于 0.26mm，应立即打闸停机；当轴承振动或相对轴振动变化超过报警值的 25%，应查明原因设法消除，当轴承振动或相对轴振动突然增加报警值的 100%，应立即打闸停机；或严格按照制造商的标准执行	1	检查汽轮机调试、运行记录是否符合规定要求				
		2	检查调试方案、运行规程是否编写相关内容				
	（4）高压外缸上、下缸温差超过 50℃，高压内缸上、下缸温差超过 35℃	1	检查汽轮机调试、运行记录是否符合规定要求				
		2	检查调试方案、运行规程是否编写相关内容				
	（5）机组正常运行时，主蒸汽、再热蒸汽温度在 10min 内突然下降 50℃	1	检查汽轮机调试、运行记录是否符合规定要求				
		2	检查调试方案、运行规程是否编写相关内容				
8.3.5	应采用良好的保温材料和施工工艺，保证机组正常停机后的上、下缸温差不超过 35℃，最大不超过 50℃	1	检查汽轮机保温方案及测温记录是否符合规定要求				
		2	检查调试方案、运行规程是否编写相关内容				

编号	条文规定	小项	检查内容	是否符合	评价	检查人	备注
8.3.6	疏水系统应保证疏水畅通。疏水联箱的标高应高于凝汽器热水井最高点标高。高压、低压疏水联箱应分开，疏水管应按压力顺序接入联箱，并向低压侧倾斜45°。疏水联箱或扩容器应保证在各疏水门全开的情况下，其内部压力仍低于各疏水管内的最低压力。冷段再热蒸汽管的最低点应有疏水点。防腐蚀汽管直径应不小于76mm	1	检查汽轮机疏水系统安装、调试、运行记录，符合规定要求				
		2	检查调试方案、运行规程是否编写相关内容				
8.3.7	减温水管路阀门应能关闭严密，自动装置可靠，并应设有截止门	1	现场检查、查DCS运行画面及系统图，减温水管路阀门是否符合要求				
8.3.8	门杆漏汽至除氧器管路，应设置止回门和截止门	1	现场检查、查DCS运行画面及系统图，门杆漏汽至除氧器管路是否符合要求				
8.3.9	高压加热器应装设紧急疏水阀，可远方操作和根据疏水水位自动开启	1	现场检查、查DCS运行画面及系统图，高压加热器是否有紧急疏水阀且符合要求				
8.3.10	高压、低压轴封应分别供汽。特别注意高压轴封段或合缸机组的高中压轴封段，其供汽管路应有良好的疏水措施	1	现场检查、查DCS运行画面及系统图，高、低压轴封是否符合要求				
8.3.11	机组监测仪表必须完好、准确，并定期进行校验。尤其是大轴弯曲表、振动表和汽缸金属温度表，应按热工监督条例进行统计考核	1	检查DCS运行画面、热工仪表校验记录、热工监督条例，机组监测仪表是否符合要求				
8.3.12	凝汽器应有高水位报警并在停机后能正常投入。除氧器应有水位报警和高水位自动放水装置	1	现场检查、查DCS运行画面及系统图，凝汽器、除氧器水位报警是否符合要求				
8.3.13	严格执行运行操作规程、检修操作规程，严防汽轮机进水、进冷汽	1	检查运行规程、调试方案，是否有防汽轮机进水、进冷汽规定				
		2	检查调试、运行记录，是否有汽轮机进水、进冷汽情况				
8.4	防止汽轮机、燃气轮机轴瓦损坏事故	33					

85

编号	条文规定	小项	检查内容	是否符合	评价	检查人	备注
8.4.1	汽轮机、燃气轮机制造厂家或设计院应配制或设计足够容量的润滑油储能器（如高位油箱），一旦润滑油泵及系统发生故障，储能器能够保证机组安全停机，不发生轴瓦烧坏、轴径磨损。机组启动前，润滑油储能器及其系统必须具备投用条件，否则不得启动。未设计安装润滑油储能器的机组，应补设并在机组大修期间完成安装和冲洗，具备投用条件	1	检查是否在设计、制造、安装、试验及运行阶段制订并落实有效的措施，保证润滑油系统、密封油系统的供油可靠性，切实杜绝断油烧瓦事故				
8.4.2	润滑油冷油器制造时，冷油器切换阀门应有可靠的防止阀芯脱落的措施，避免阀芯脱落堵塞润滑油通道导致润滑油系统断油、烧瓦	1	现场检查、查图纸或说明书，冷油器切换阀是否有可靠的防止阀门门芯脱落的措施				
8.4.3	油系统严禁使用铸铁阀门，各阀门门芯应与地面水平安装。主要阀门应挂有"禁止操作"警示牌。主油箱事故放油阀应串联设置两个钢质截止阀，操作手轮设在距油箱5m以外的地方，且有两个以上通道，手轮应挂有"事故放油阀，禁止操作"标志牌，手轮不应加锁。润滑油管道中原则上不装设滤网，若装设滤网，必须有防止滤网堵塞和破损的措施	1	现场检查油系统是否有铸铁阀门，阀门门芯安装，"禁止操作"警示牌符合要求				
		2	现场检查主油箱事故放油阀是否符合要求				
		3	现场检查润滑油系统是否有滤网，有滤网是否符合要求				
8.4.4	安装和检修时要彻底清理油系统杂物，严防遗留杂物堵塞油泵入口或管道	1	检查油系统安装方案、油循环方案，是否符合要求				
		2	现场检查油系统安装情况是否符合要求				
8.4.5	油系统油质应按规程要求定期进行化验，油质劣化应及时处理。在油质及清洁度超标的情况下，严禁机组启动	1	检查安装、调试期间油化验报告				
		2	检查调试方案、运行规程是否编写相关内容				
8.4.6	润滑油压低报警、联锁启动油泵、跳闸保护、停止盘车定值及测点安装位置应严格按照制造厂要求整定和安装，整定值应满足直流油泵联锁启动的同时必须跳闸停机，对各压力开关应采用现场试验系统进行校验，润滑油压低时应能正确、可靠的联动交流、直流润滑油泵	1	现场检查DCS运行画面及说明书，润滑油压低报警、联启油泵、跳闸保护、停止盘车定值及测点是否符合要求				
		2	检查调试试验记录是否符合要求				

编号	条文规定	小项	检查内容	是否符合	评价	检查人	备注
8.4.7	直流润滑油泵的直流电源系统应有足够的容量，其各级保险应合理配置，防止故障时熔断器熔断使直流润滑油泵失去电源	1	检查设计图纸直流电源系统容量及熔断器选型是否满足要求				
		2	检查调试报告，判定直流电源系统容量是否满足要求，保险配置是否合理				
8.4.8	交流润滑油泵电源的接触器，应采取低电压延时释放措施，同时要保证自投装置动作可靠	1	检查交流润滑油泵电源的接触器是否采取低电压延时释放措施，自投装置动作是否可靠				
8.4.9	应设置主油箱油位低跳机保护，必须采用测量可靠、稳定性好的液位测量方法，并采取三取二的方式，保护动作值应考虑机组跳闸后的惰走时间。机组运行中发生油系统泄漏时，应申请停机处理，避免处理不当造成大量跑油，导致烧瓦	1	检查是否设置主油箱油位低跳机保护，保护是否符合要求				
		2	检查调试方案、运行规程，机组运行中发生油系统泄漏时是否有相关操作规定				
		3	检查调试记录是否发生油系统泄漏，是否按要求执行				
8.4.10	油位计、油压表、油温表及相关的信号装置，必须按规程要求装设齐全、指示正确，并定期进行校验	1	现场检查油位计、油压表、油温表及相关的信号装置，是否装设齐全、指示正确				
		2	检查油位计、油压表、油温表及相关的信号装置校验记录，是否符合要求				
8.4.11	辅助油泵及其自启动装置，应按运行规程要求定期进行试验，保证处于良好的备用状态。机组启动前辅助油泵必须处于联动状态。机组正常停机前，应进行辅助油泵的全容量启动试验	1	检查辅助油泵调试记录、运行记录、定期试验记录、联锁试验记录，是否符合要求				
		2	检查机组启动前调试记录、运行记录，辅助油泵是否处于联动状态				
		3	检查机组停机前调试记录、运行记录，辅助油泵试验是否符合要求				
8.4.12	油系统进行切换操作（如：冷油器、辅助油泵、滤网等）时，应在指定人员的监护下按操作票顺序缓慢进行操作，操作中严密监视润滑油压的变化，严防切换操作过程中断油	1	检查油系统切换记录，是否符合要求				
		2	检查调试方案、运行规程是否编写相关内容				
8.4.13	机组启动、停机和运行中要严密监视推力瓦、轴瓦钨金温度和回油温度。当温度超过标准要求时，应按规程规定果断处理	1	检查调试记录、运行记录、DCS运行画面，推力瓦、轴瓦钨金温度和回油温度是否符合要求				
		2	检查推力瓦、轴瓦钨金温度和回油温度保护是否正常投入				

编号	条文规定	小项	检查内容	是否符合	评价	检查人	备注
8.4.14	在机组启动、停止过程中，应按制造厂规定的转速停止、启动顶轴油泵	1	检查调试记录、运行记录，顶轴油泵启停是否符合制造厂规定				
		2	检查调试方案、运行规程是否编写相关内容				
8.4.15	在运行中发生了可能引起轴瓦损坏（如：水冲击、瞬时断油、轴瓦温度急升超过120℃等）的异常情况，应在确认轴瓦未损坏之后，方可重新启动	1	检查调试记录、运行记录，出现异常时是否确认轴瓦未损坏后重新启动				
		2	检查调试方案、运行规程是否编写相关内容				
8.4.16	检修中应注意主油泵出口止回门的状态，防止停机过程中断油	1	检查安装时主油泵出口止回门的状态是否符合要求				
8.4.17	严格执行运行、检修操作规程，严防轴瓦断油	1	检查调试方案、运行检修操作规程，是否有防轴瓦断油规定				
		2	检查执行情况是符合要求				
8.5	防止燃气轮机超速事故	21					
8.5.1	在设计天然气参数范围内，调节系统应能维持燃气轮机在额定转速下稳定运行，甩负荷后能将燃气轮机组转速控制在超速保护动作值转速以下	1	检查燃气轮机调节系统安装、调试相关记录、DCS运行画面参数				
		2	检查甩负荷试验记录				
		3	检查燃气轮机运行规程是否有调节系统相关内容				
8.5.2	燃气关断阀门和燃气控制阀门（包括燃气压力和燃气流量调节阀门）应能关闭严密，动作过程迅速且无卡涩现象。自检试验不合格，燃气轮机组严禁启动	1	检查燃气轮机本体燃料供应系统安装、调试记录				
		2	检查燃气轮机调试方案是否有关于本体燃料供应系统部分的内容及要求，检查运行规程中禁止机组启动的条件是否编写相关内容				
8.5.3	电液伺服阀门（包括各类型电液转换器）的性能必须符合要求，否则不得投入运行。运行中要严密监视其运行状态，不卡涩、不泄漏和系统稳定。大修中要进行清洗、检测等维护工作。备用伺服阀门应按照制造厂的要求条件妥善保管	1	检查机组调速系统静态调试记录，电液伺服阀是否符合要求				
		2	检查DCS运行画面参数及调试记录，电液伺服阀是否符合要求				
		3	检查备用伺服阀门保管情况，是否符合要求				

编号	条文规定	小项	检查内容	是否符合	评价	检查人	备注
8.5.4	燃气轮机组轴系应安装两套转速监测装置，各自有独立的变送器，并分别装设在沿转子轴向不同的转子上	1	检查DCS运行画面参数，并现场确认转速监测装置是否符合要求				
8.5.5	燃气轮机组重要运行监视表计，尤其是转速表，显示不正确或失效，严禁机组启动。运行中的机组，在无任何有效监视手段的情况下，必须停止运行	1	检查运行规程中禁止机组启动的条件是否已编写相关内容				
		2	检查DCS运行画面参数，重要运行监视表计是否显示正常				
8.5.6	透平油和液压油的油质应合格。在油质及清洁度不合格的情况下，严禁燃气轮机组启动	1	检查运行规程中禁止机组启动的条件是否编写相关内容				
		2	检查机组启动前油质化验报告，确认油质及清洁度是否合格				
8.5.7	透平油、液压油品质应按规程要求定期化验。燃气轮机组投产初期，燃机本体和油系统检修后，以及燃气轮机组油质劣化时，应缩短检查化验周期	1	检查燃气轮机安装、调试记录是否有油质化验记录				
		2	检查油质定期化验记录，是否符合相关要求				
8.5.8	燃气轮机组电超速保护动作转速一般为额定转速的108%～110%。运行期间电超速保护必须正常投入；超速保护不能可靠动作时，禁止燃气轮机组启动和运行。燃气轮机组电超速保护应进行实际升速动作试验，保证其动作转速符合有关技术要求	1	检查燃气轮机电超速保护装置安装记录、调试记录				
		2	检查运行记录、保护投退记录，检查试运期间电超速保护是否正常投入				
		3	检查运行规程中禁止机组启动的条件中是否编写相关内容				
8.5.10	机组停机时，联合循环单轴机组应先停运汽轮机，检查发电机有功功率、无功功率到零，再与系统解列；分轴机组应先检查发电机有功功率、无功功率到零，再与系统解列，严禁带负荷解列	1	检查运行规程中是否编写相关规定				
		2	检查DCS运行画面参数及调试记录是否按规定执行				
8.5.11	对新投产的燃气轮机组或调节系统进行重大改造后的燃气轮机组必须进行甩负荷试验	1	检查重大改造后是否有燃气轮机甩负荷试验报告				
8.6	防止燃气轮机轴系断裂及损坏事故	44					
8.6.1	燃气轮机组主、辅设备的保护装置必须正常投入，振动监测保护应投入运行；燃气轮机组正常运行瓦振、轴振应达到有关标准的优良范围，并注意监视变化趋势	1	检查DCS运行画面参数及调试记录，检查燃气轮机组保护是否正常投入				
		2	检查运行日志及保护投退记录				
		3	检查运行记录及调试记录，各瓦振、轴振是否正常				

编号	条文规定	小项	检查内容	是否符合	评价	检查人	备注
8.6.2	燃气轮机组应避免在燃烧模式切换负荷区域长时间运行	1	检查运行规程中是否编写相关内容及要求				
		2	检查 DCS 运行画面参数及调试记录，是否有在燃烧模式切换负荷区域长时间运行的情况				
8.6.3	严格按照燃气轮机制造厂家的要求，定期对转子进行表面检查或无损探伤。按照《火力发电厂金属技术监督规程》(DL/T 438—2009)相关规定，对高温段应力集中部位可进行金相和探伤检查；若需要，可选取不影响转子安全的部位进行硬度试验	1	检查燃气轮机制造厂家转子出厂检验记录是否进行了表面检查或无损探伤；是否按相关规定进行了检查、试验				
8.6.4	不合格的转子绝不能使用，已经过制造厂家确认可以在一定时期内投入运行的有缺陷转子应对其进行技术评定，根据燃气轮机组的具体情况、缺陷性质制定运行安全措施，并报上级主管部门备案	1	检查燃气轮机制造厂家转子出厂检验记录是否合格				
		2	检查制造厂家确认可以在一定时期内投入运行的有缺陷转子是否进行了技术评定，是否制定了相关运行安全措施				
8.6.5	严格按照超速试验规程进行超速试验	1	检查运行规程是否编写超速试验相关内容与要求				
		2	检查超速试验调试方案				
		3	检查超速试验的试验记录				
8.6.6	为防止发电机非同期并网造成的燃气轮机轴系断裂及损坏事故，应严格落实 10.9 防止发电机非同期并网规定各项措施	1	检查 DCS 运行画面参数及调试记录、保护记录是否出现过发电机非同期并网事故				
		2	如出现发电机非同期并网事故，是否对燃气轮机叶片、轴系等进行全面检查，并进行分析与记录				
8.6.7	加强燃气轮机排气温度、排气分散度、轮间温度、火焰强度等运行数据的综合分析，及时找出设备异常的原因，防止局部过热燃烧引起的设备裂纹、涂层脱落、燃烧区位移等损坏	1	检查 DCS 运行画面参数及调试记录，排气温度、排气分散度等数据是否正常				
		2	检查燃气轮机燃烧调整记录，燃烧是否稳定				
		3	检查燃气轮机调试记录，如有局部过热燃烧引起的设备裂纹、涂层脱落等缺陷，是否进行了处理				

编号	条文规定	小项	检查内容	是否符合	评价	检查人	备注
8.6.8	新机组投产前和机组大修中，应重点检查： （1）轮盘拉杆螺栓紧固情况、轮盘之间错位、通流间隙、转子及各级叶片的冷却风道。 （2）平衡块固定螺栓、风扇叶固定螺栓、定子铁芯支架螺栓、并有完善的防松措施。绘制平衡块分布图。 （3）各联轴器轴孔、轴销及间隙配合满足标准要求，对轮螺栓进行外观及金属探伤检验，紧固防松措施完好。 （4）燃气轮机热通道部件的紧固件与锁定片的装复工艺，防止因气流冲刷引起部件脱落进入喷嘴而损坏通道内的动静部件	1	检查燃气轮机安装、检修记录，检查记录是否齐全				
		2	现场检查重点部位螺栓紧固情况、防松措施是否完好				
8.6.10	燃气轮机停止运行投盘车时，严禁随意开启罩壳各处大门和随意增开燃气轮机间冷却风机，以防止因温差大引起缸体收缩而使压气机刮缸。在发生严重刮缸时，应立即停运盘车，静置48h后，尝试手动盘车，直至投入连续盘车	1	现场检查燃气轮机停止运行投盘车时，罩壳各处大门门锁是否完好可用。燃机罩壳内部监视用摄像头是否完好可用				
		2	检查燃气轮机停止运行投盘车期间是否有定期巡检记录				
		3	现场检查手动盘车装置是否完好				
8.6.11	机组发生紧急停机时，应严格按照制造厂要求连续盘车若干小时以上，才允许重新启动点火，以防止冷热不均发生转子振动大或残余燃气引起爆燃而损坏部件	1	检查燃气轮机运行规程是否编写相关内容及要求				
		2	检查DCS画面参数及调试记录，运行人员是否按照规定执行				
8.6.12	发生下列情况之一，严禁启动机组： （1）在盘车状态听到有明显的刮缸声。 （2）压气机进口滤网破损或压气机进气道可能存在残留物。 （3）机组转动部分有明显的摩擦声。 （4）任一火焰探测器或点火装置故障。 （5）燃气辅助关断阀、燃气关断阀、燃气控制阀任一阀门或执行机构故障。 （6）具有压气机进口导流叶片和压气机防喘阀活动试验功能的机组，压气机进口导流叶片和压气机防喘阀活动试验不合格。 （7）燃气轮机排气温度故障测点数大于或等于1个。 （8）燃气轮机主保护故障	1	检查燃气轮机生产厂商有关于燃气轮机严禁启动的要求				
		2	检查运行规程是否编写相关规定及要求				
		3	检查燃气轮机组启动前的运行、调试人员的设备试验记录				
		4	检查DCS运行画面参数及调试记录，是否按照规定执行				

编号	条文规定	小项	检查内容	是否符合	评价	检查人	备注
8.6.13	发生下列情况之一，应立即打闸停机： （1）运行参数超过保护值而保护拒动。 （2）机组内部有金属摩擦声或轴承端部有摩擦产生火花。 （3）压气机失速，发生喘振。 （4）机组冒出大量黑烟。 （5）机组运行中，要求轴承振动不超过0.03mm或相对轴振动不超过0.08mm，超过时应立即设法消除，当相对轴振动大于0.25mm应立即打闸停机；当轴承振动或相对轴振动变化量超过报警值的25%，应查明原因设法消除，当轴承振动或相对轴振动突然增加报警值的100%，应立即打闸停机；或严格按照制造商的标准执行。 （6）运行中发现燃气泄漏检测报警或检测到燃气浓度有突升，应立即停机检查	1	检查运行规程是否编写相关规定及要求				
		2	检查DCS运行画面参数及调试记录，是否有运行参数超过保护值而保护拒动现象；是否有机组振动超过规定要求的现象；同时检查运行人员操作是否执行规定				
		3	检查调试记录是否出现机组部件摩擦、压气机失速喘振现象，是否出现燃气泄漏浓度突升现象；同时检查调试人员操作是否执行规定				
8.6.14	调峰机组应按照制造商要求控制两次启动间隔时间，防止出现通流部分刮缸等异常情况	1	检查燃气轮机生产厂商控制两次启动间隔时间的要求				
		2	检查运行规程是否编写相关规定及要求				
		3	检查DCS运行画面参数及调试记录是否按照燃气轮机生产厂商及运行规程规定执行				
8.6.15	应定期检查燃气轮机、压气机气缸周围的冷却水、水洗等管道、接头、泵压，防止运行中断裂造成冷却水喷在高温气缸上，发生气缸变形、动静摩擦设备损坏事故	1	现场检查燃气轮机、压气机气缸周围的冷却水、水洗系统布置情况，是否有渗漏点				
		2	现场检查压气机水洗系统在完成水洗工作后，将剩余水洗液排空				
8.6.16	燃气轮机热通道主要部件更换返修时，应对主要部件焊缝、受力部位进行无损探伤，检查返修质量，防止运行中发生裂纹断裂等异常事故	1	检查燃气轮机生产厂商燃气轮机热通道部件更换、返修及无损探伤的规定要求				
		2	检查燃气轮机热通道主要部件焊缝、受力部位无损探伤报告				
8.6.17	建立燃气轮机组试验档案，包括投产前的安装调试试验、计划检修的调整试验、常规试验和定期试验	1	检查是否建立燃气轮机组试验档案				
		2	检查燃气轮机安装、调试及试验记录是否完整				

编号	条文规定	小项	检查内容	是否符合	评价	检查人	备注
8.6.18	建立燃气轮机组事故档案,记录事故名称、性质、原因和防范措施	1	检查是否建立燃气轮机事故档案				
8.6.19	建立转子技术档案,包括制造厂提供的转子原始缺陷和材料特性等原始资料,历次转子检修检查资料;燃气轮机组主要运行数据、运行累计时间、主要运行方式、冷热态启停次数、启停过程中的负荷的变化率、主要事故情况的原因和处理;有关转子金属监督技术资料完备;根据转子档案记录,定期对转子进行分析评估,把握转子寿命状态	1	检查是否建立燃气轮机转子技术档案				
		2	检查燃气轮机制造厂原始出厂资料齐全				
		3	检查燃气轮机转子安装记录及资料齐全				
		4	检查是否建立机组基础数据汇总表,包括主要运行方式、冷热态启停次数等相关数据				
8.7	防止燃气轮机燃气系统泄漏爆炸事故	42					
8.7.1	按燃气管理制度要求,做好燃气系统日常巡检、维护与检修工作。新安装或检修后的管道或设备应进行系统打压试验,确保燃气系统的严密性	1	检查燃气系统日常巡检、维护与检修工作内容及记录				
		2	检查燃气系统安装措施、方案、打压试验记录、监理签证记录				
8.7.2	燃气泄漏量达到测量爆炸下限的20%时,不允许启动燃气轮机	1	检查燃气浓度测量仪器是否完好,是否有出厂合格证、定期校验记录				
		2	检查运行规程及安全管理规定是否已编写相关内容及要求				
		3	检查运行及施工人员关于涉及燃气系统的点、巡检记录				
8.7.3	点火失败后,重新点火前必须进行足够时间的清吹,防止燃气轮机和余热锅炉通道内的燃气浓度在爆炸极限而产生爆燃事故	1	检查运行规程是否编写相关内容及要求				
		2	检查DCS画面参数及调试记录、运行日志满足清吹时间要求				
8.7.4	加强对燃气泄漏探测器的定期维护,每季度进行一次校验,确保测量可靠,防止发生因测量偏差拒报而发生火灾爆炸	1	检查燃气浓度测量仪器完好,是否有出厂合格证、定期校验记录				
8.7.5	严禁在运行中的燃气轮机周围进行燃气管系的燃气排放与置换作业	1	检查运行规程及安全管理规定,是否编写相关内容及要求				
		2	检查调试记录及工作票情况,是否已按照要求执行				

编号	条文规定	小项	检查内容	是否符合	评价	检查人	备注
8.7.7	严禁在燃气泄漏现场违规操作。消缺时必须使用专用铜制工具，防止处理事故中产生静电火花引起爆炸	1	检查运行规程及调试方案是否编写相关规定及要求				
		2	抽查工作票是否符合要求				
		3	检查在处理燃气泄漏相关缺陷时是否有定期进行燃气浓度监测记录				
		4	检查检修班组防爆工器具配置情况，铜质防爆工器具配置及使用情况是否到位				
8.7.8	燃气调压站内的防雷设施应处于正常运行状态。每年雨季前应对接地电阻进行检测，确保其值在设计范围内，应每半年检测一次	1	检查调试方案、接地电阻检测记录				
		2	现场检查调压站内的防雷设施是否完好				
8.7.9	新安装的燃气管道应在24h之内检查1次，并应在通气后的第一周进行1次复查，确保管道系统燃气输送稳定安全可靠	1	检查新安装燃气管道工程施工、打压及试运行方案				
		2	检查新安装燃气管道工程监理鉴证记录				
8.7.10	进入燃气系统区域（调压站、燃气轮机）前应先消除静电（设防静电球），必须穿防静电工作服，严禁携带火种、通信设备和电子产品	1	检查运行规程及调试方案是否编写相关规定及要求				
		2	现场检查燃气系统区域是否配置消除静电装置；是否配置火种箱				
		3	抽查劳保用品等配置及使用情况				
8.7.11	在燃气系统附近进行明火作业时，应有严格的管理制度。明火作业的地点所测量空气含天然气含量应不超过1%，并经批准后才能进行明火作业。同时按规定间隔时间做好动火区域危险气体含量检测	1	检查运行规程及调试方案是否编写相关规定及要求				
		2	检查工作票及动火工作票办理及执行情况是否符合要求				
		3	检查调试记录及工作票记录，工作现场是否定期危险气体含量检测				
8.7.12	燃气调压系统、前置站等燃气管系应按规定配备足够的消防器材，并按时检查和试验	1	检查消防器材试验、检查记录情况				
		2	现场检查燃气系统消防器材配置情况				
8.7.13	严格执行燃气轮机点火系统的管理制度，定期加强维护管理，防止点火器、高压点火电缆等设备因高温老化损坏而引起点火失败	1	检查燃气轮机点火器、高压点火电缆调试验收记录				

编号	条文规定	小项	检查内容	是否符合	评价	检查人	备注
8.7.14	严禁燃气管道从管沟内敷设使用。对于从房内穿越的架空管道，必须做好穿墙套管的严密封堵，合理设置现场燃气泄漏检测器，防止燃气泄漏引起意外事故	1	检查燃气管道是否存在管沟内敷设及从房内穿越的架空管段				
		2	检查全厂天然气泄漏探测器数量及安装位置，是否满足安全生产需求				
8.7.15	严禁未装设阻火器的汽车、摩托车、电瓶车等车辆在燃气轮机的警示范围和调压站内行驶	1	检查天然气系统区域安全警示标志是否齐全				
		2	检查叉车、电瓶车等是否装设阻火器				
8.7.16	运行点检人员巡检燃气系统时，必须使用防爆型的照明工具、对讲机，操作阀门尽量用手操作，必要时应用铜制阀门把钩进行。工作人员之间的通信须使用防爆对讲机。严禁使用非防爆型工器具作业	1	检查运行、调试、施工人员关于巡检、维护的防爆工器具配置情况				
		2	检查运行规程及调试方案是否编写相关规定及要求				
8.7.17	进入燃气禁区的外来参观人员不得穿易产生静电的服装、带铁掌的鞋，不准带移动电话及其他易燃、易爆品进入调压站、前置站。燃气区域严禁进行照相、摄影	1	检查天然气系统区域安全警示标志是否齐全				
		2	检查运行规程及调试方案是否编写相关规定及要求				
8.7.18	应结合机组检修，对燃气轮机仓及燃料阀组间天然气系统进行气密性试验，以对天然气管道进行全面检查	1	检查检修规程是否编写相关规定及要求				
		2	检查燃气轮机组天然气阀门系统安装记录，气密性试验记录				
8.7.19	停机后，禁止采用打开燃料阀直接向燃气轮机透平输送天然气的方法进行法兰找漏等试验检修工作	1	检查运行规程及检修规程是否编写相关规定及要求				
		2	检查天然气系统阀门查漏方案或工作措施				
8.7.20	在天然气管道系统部分投入天然气运行的情况下，与冲入天然气相邻的，以阀门相隔断的管道部分必须充入氮气，且要进行常规的巡检查漏工作	1	现场检查调试方案或天然气系统工作票，检查安措可靠执行				
		2	现场检查充氮措施执行情况，是否定期进行危险气体检测工作				
8.7.21	对于与天然气系统相邻的，自身不含天然气运行设备，但可通过地下排污管道等通道相连通的封闭区域，也应装天然气泄漏探测器	1	检查天然气系统设计、安装记录，是否符合要求				

12 防止分散控制系统控制、保护失灵事故

编号	条文规定	小项	检查内容	是否符合	评价	检查人	备注
9	防止分散控制系统控制、保护失灵事故	103					
9.1	分散控制系统（DCS）配置的基本要求	48					
9.1.1	分散控制系统配置应能满足机组任何工况下的监控要求（包括紧急故障处理），控制站及人机接口站的中央处理器（CPU）负荷率、系统网络负荷率、分散控制系统与其他相关系统的通信负荷率、控制处理器周期、系统响应时间、时间顺序记录（SOE）分辨率、抗干扰性能、控制电源质量、全球定位系统（GPS）时钟等指标应满足相关标准的要求	1	检查控制站及人机接口站CPU负荷率是否符合（测试报告）：通过系统工具或其他由制造厂提供的方法测试，各负荷率应在不同工况下测试5次，每次测试时间10s，取平均值，应满足：①所有控制站的中央处理单元在正常情况下不大于40%，在恶劣工况下不大于60%；②操作员站、服务站的中央处理单元在正常情况下不大于10%和30%，在恶劣工况下不大于40%				
		2	检查系统网络负荷率是否符合（测试报告）：通过专用网络测试仪或其他由制造厂提供的方法测试，测试时间不小于5min，数据通信总线的负荷率，以太网不应大于20%，其他网络不应大于40%				
		3	检查DCS系统与其他相关系统的通信是否仍然满足第2项中负荷率要求				
		4	检查控制处理器周期是否符合（测试报告）：通过程序分别测试模拟量和开关量的处理周期，应满足模拟量控制系统不大于250ms，开关量控制系统不大于100ms；快速处理回路中，模拟量控制系统不大于125ms，开关量控制系统不大于50ms				

编号	条文规定	小项	检查内容	是否符合	评价	检查人	备注
9.1.1	分散控制系统配置应能满足机组任何工况下的监控要求（包括紧急故障处理），控制站及人机接口站的中央处理器（CPU）负荷率、系统网络负荷率、分散控制系统与其他相关系统的通信负荷、控制处理器周期、系统响应时间、时间顺序记录（SOE）分辨率、抗干扰性能、控制电源质量、全球定位系统（GPS）时钟等指标应满足相关标准的要求	5	检查系统响应时间是否符合（测试报告）：①系统内开关量操作指令响应时间，将开关量操作输出信号直接引到该操作对象反馈信号输入端，记录操作员站键盘指令发出到屏幕显示反馈信号的时间，重复10次取均值，操作信号响应时间平均值不应大于1s；②系统内模拟量操作指令响应时间：将模拟量操作输出信号直接引到该操作对象反馈信号输入端，记录操作员站键盘指令发出，到屏幕显示反馈信号的时间（或在工程师站选择一站的模拟量测点，通过键盘输入信号值，观察、记录该信号发出至另一站显示器上数据变化时间），重复10次取均值，操作信号响应时间平均值不应大于2.5s；③不同系统间（如DCS和DEH）数据传输时间不应大于1.5s；④机组在扰动工况下，数据总线的通信速率应保证运行人员发出的任何指令均能在不大于1s的时间内被执行				
		6	检查SOE分辨率是否符合（测试报告）。通过开关量信号发生器送出一定时间间隔的信号至SOE卡输入端，改变信号发生器的间隔时间，直至事件顺序记录无法分辨时为止，事件顺序记录的分辨力率不大于1ms				
		7	检查抗干扰性能是否符合（测试报告）。抗射频干扰能力的测试：用频率为400～500MHz、功率为5W的步话机作干扰源，距敞开柜门的机柜1.5m处发出信号进行试验，计算机系统应正常工作，记录测量信号示值变化范围不应大于测量系统允许综合误差的2倍				

编号	条文规定	小项	检查内容	是否符合	评价	检查人	备注
9.1.1	分散控制系统配置应能满足机组任何工况下的监控要求（包括紧急故障处理），控制站及人机接口站的中央处理器（CPU）负荷率、系统网络负荷率、分散控制系统与其他相关系统的通信负荷率、控制处理器周期、系统响应时间、时间顺序记录（SOE）分辨率、抗干扰性能、控制电源质量、全球定位系统（GPS）时钟等指标应满足相关标准的要求	8	检查控制电源质量是否符合（测试报告）：DCS 控制电源电压在供应商规定的范围内。参考指标： （1）供电电源质量。①电压稳定度：稳态时波动小于额定值±5%，动态时波动小于额定值±10%。②频率稳定度：稳态时波动小于额定值±1%，动态时波动小于额定值±2%，波动失真小于额定值 5%。③热工自备 UPS 电源的输出电压，均应在额定值±5%范围，切换时间，应小于 5ms。④UPS 电源电池备用时间，不应小于制造厂说明书规定的备用时间，一般应保证连续供电 30min。 （2）DCS 内部工作电源应满足。①48V 以上直流电源电压波动不大于额定值±10%。②24V 直流电源电压波动不大于额定值±5%				
		9	检查 GPS 时钟是否符合（测试报告）：GPS 时钟输出信号精度达到合同规定要求（一般为 1μs）；GPS 与 DCS 之间每秒进行一次时钟同步，同步精度达到 0.1ms；当 DCS 时钟与 GPS 时钟失锁时，DCS 应有输出报警				
9.1.2	分散控制系统的控制器、系统电源、为重要 I/O 模件供电的直流电源、通信网络等均应采用完全独立的冗余配置，且具备无扰切换功能；采用 B/S、C/S 结构的分散控制系统的服务器应采用冗余配置，服务器或其供电电源在切换时应具备无扰切换功能	1	检查 DCS 控制系统设计图或电子间的 DCS 控制器是否符合：控制器采用完全独立的冗余配置，且具备无扰切换功能；机组 DCS、DEH、脱硫以及外围辅控等主要控制系统的控制器均应单独冗余配置，单元机组控制系统的控制器均应冗余配置				
		2	检查 DCS 电源系统设计图或电子间的 DCS 系统电源是否符合：电源采用完全独立的冗余配置，且具备无扰切换功能				

编号	条文规定	小项	检查内容	是否符合	评价	检查人	备注
9.1.2	分散控制系统的控制器、系统电源、为重要 I/O 模件供电的直流电源、通信网络等均应采用完全独立的冗余配置，且具备无扰切换功能；采用 B/S、C/S 结构的分散控制系统的服务器应采用冗余配置，服务器或其供电电源在切换时应具备无扰切换功能	3	检查 DCS 电源系统设计图或直流电源系统是否符合：DCS 系统为重要 I/O 模件供电的直流电源，采用完全独立的冗余配置，且具备无扰切换功能				
		4	检查 DCS 通信网络（设计图）是否符合：网络采用完全独立的冗余配置，且具备无扰切换功能；主要控制系统的主控通信、I/O 通信的网络交换设备应冗余配置；控制单元和操作站的通信处理模件应独立、冗余配置；DCS 系统中的重要设备出现通信故障时不应引起机组跳闸，并且及时发出报警信息				
		5	检查采用 B/S、C/S 结构的分散控制系统的服务器是否采用冗余配置，服务器和其供电电源是否具备无扰切换功能				
9.1.3	分散控制系统控制器应严格遵循机组重要功能分开的独立性配置原则，各控制功能应遵循任一组控制器或其他部件故障对机组影响最小的原则	1	检查 DCS 系统控制器功能划分和控制逻辑图，MFT、ETS 等主保护系统控制器是否单独冗余配置				
		2	检查重要辅机控制功能配置是否符合：送风机、引风机、一次风机、空气预热器、给水泵、凝结水泵、真空泵、增压风机及非母管制的循环水泵等多台组合或主/备运行的重要辅机（辅助）设备的控制，应分别配置在不同的控制器中，但允许送风机、引风机等按介质流程的纵向组合分配在同一控制器中				
		3	检查控制功能配置是否符合：300MW 及以上机组磨煤机、给煤机和油燃烧器等多台冗余或组合的重要设备控制，应按工艺流程要求纵向组合，配置至少三对控制器				

编号	条文规定	小项	检查内容	是否符合	评价	检查人	备注
9.1.3	分散控制系统控制器应严格遵循机组重要功能分开的独立性配置原则，各控制功能应遵循任一组控制器或其他部件故障对机组影响最小的原则	4	检查重要参数配置是否符合：应保证重要监控信号在控制器故障时不会失去监视，主蒸汽压力、主蒸汽温度、再热蒸汽温度、炉膛压力、汽包水位（直流炉除外）等重要参数应配置在不同对的控制器中（有硬接线后备监视的除外）				
		5	检查分散控制系统控制器配置是否符合：按工艺系统功能区配置控制器时，一局部工艺系统控制项目的全部控制任务宜集中在同一个控制器内完成；按功能配置控制站时，如一个模拟量控制回路的前馈信号来自另一控制器时，不应在系统传输过程中造成影响系统稳定的延时				
		6	检查分散控制系统电源配置是否符合：电气一段母线和二段母线，保安电源和直流电源的控制不能在一对控制器中				
9.1.4	重要参数、参与机组或设备保护的测点应冗余配置，冗余 I/O 测点应分配在不同模块上	1	检查 DCS 系统 I/O 测点布置图，重要参数、参与机组或设备保护的测点冗余配置情况				
		2	检查冗余 I/O 信号配置是否符合：冗余配置的 I/O 信号，应分别配置在不同模块上；采用故障安全型控制器时，其 I/O 信号应全程冗余配置；多台同类设备，其各自控制回路的 I/O 信号，应分别配置在不同模块上				
		3	检查 GTS 和 DEH 跳机信号是否符合：各自应有三路直接送至 ETS 并采用三取二判断逻辑，如果只有两路采用二取一逻辑动作				
		4	检查 MFT 是否符合：MFT 采用失电动作，MFT 继电器板送出三路信号至 ETS 装置并采用三取二逻辑动作				

编号	条文规定	小项	检查内容	是否符合	评价	检查人	备注
9.1.4	重要参数、参与机组或设备保护的测点应冗余配置，冗余 I/O 测点应分配在不同模件上	5	检查 CCS 至 DEH 信号连接时，不同系统的控制指令，除网络通信传输外，是否还采用冗余输出通道，由硬接线冗余连接至控制对象				
9.1.5	按照单元机组配置的重要设备（如循环水泵、空冷系统的辅机）应纳入各自单元控制网，避免由于公用系统中设备事故扩大为两台或全厂机组的重大事故	1	检查 DCS 系统设计图或控制功能划分，是否按照单元机组配置的重要设备（如循环水泵）纳入各自单元控制网				
9.1.6	分散控制系统电源应设计有可靠的后备手段，电源的切换时间应保证控制器不被初始化；系统电源故障应设置最高级别的报警；严禁非分散控制系统用电设备接到分散控制系统的电源装置上；公用分散控制系统电源，应分别取自不同机组的不间断电源系统，且具备无扰切换功能；分散控制系统电源的各级电源开关容量和熔断器熔丝应匹配，防止故障越级	1	检查 DCS 电源系统切换试验记录				
		2	检查 DCS 电源系统（设计图）是否符合，操作员站如无双路电源切换装置，则必须将两路供电电源分别连接于不同的操作员站				
		3	检查系统电源故障报警设置，报警级别是否为最高级				
		4	现场检查非 DCS 系统用电设备接到 DCS 系统的电源装置上的情况				
		5	检查 DCS 电源系统（设计图）是否符合：公用 DCS 系统电源，应分别取自不同机组的不间断电源系统，且具备无扰切换功能				
		6	检查 DCS 电源系统（设计说明），DCS 系统电源的各级电源开关容量和熔断器熔丝是否匹配				
9.1.7	分散控制系统接地必须严格遵守相关技术要求，接地电阻满足标准要求；所有进入分散控制系统的控制信号电缆必须采用质量合格的屏蔽电缆，且可靠单端接地；分散控制系统与电气系统共用一个接地网时，分散控制系统接地线与电气接地网只允许有一个连接点	1	检查 DCS 接地系统设计图、DCS 接地电阻试验报告。DCS 采用独立接地网时，接地电阻不应大于 2Ω；当 DCS 与电厂电气系统共用一个接地网时，控制系统接地线与电气接地网只允许有一个连接点，且接地电阻应小于 0.5Ω				

编号	条文规定	小项	检查内容	是否符合	评价	检查人	备注
9.1.7	分散控制系统接地必须严格遵守相关技术要求，接地电阻满足标准要求；所有进入分散控制系统的控制信号电缆必须采用质量合格的屏蔽电缆，且可靠单端接地；分散控制系统与电气系统共用一个接地网时，分散控制系统接地线与电气接地网只允许有一个连接点	2	检查 DCS 系统接线是否符合：所有进入 DCS 的控制信号电缆必须采用屏蔽电缆，且可靠单端接地（抽样检查，比例不低于 20%）。当信号源浮空时，屏蔽层应在 DCS 侧接地；当信号源接地时，屏蔽层的接地点应靠近信号源的接地点；当放大器浮空时，屏蔽层的一端宜与屏蔽罩相连，另一端接共模地，其中，当信号源接地时接现场地，当信号源浮空时接信号地				
9.1.8	机组应配备必要的、可靠的、独立于分散控制系统的硬手操设备（如紧急停机停炉按钮），以确保安全停机停炉	1	检查机组硬手操设备配置是否符合：在控制台上必须设置总燃料跳闸、停止汽轮机和解列发电机的跳闸按钮，一般包括下面独立于DCS可靠后备操作按钮：①双后备操作按钮：手动停汽轮机、锅炉、发电机、汽动给水泵（单台设计）；②单后备操作按钮：手动启动汽轮机交流润滑油泵、直流润滑油泵、汽轮机真空破坏门、锅炉安全门（非机械式）、柴油发电机，停运给水泵				
		2	检查双后备操作按钮配置情况是否符合：双后备操作按钮每个按钮两对触点并联后与另一按钮触点串联输出。一路信号连接 DI 信号进入系统组态，触发对应控制系统跳闸，一路信号直接连接至独立于 DCS 的控制对象执行部分继电器跳闸回路；单后备操作按钮触点信号在送入 DCS 系统的同时，直接作用于 DCS 控制系统的单个强电控制回路				
9.1.9	分散控制系统与管理信息大区之间必须设置经国家指定部门检测认证的电力专用横向单向安全隔离装置。分散控制系统与其他生产大区之间应当采用具有访问控	1	检查 DCS 系统与其他系统接口设计说明是否符合：DCS 与管理信息大区之间必须设置经国家指定部门检测认证的电力专用横向单向安全隔离装置				

编号	条文规定	小项	检查内容	是否符合	评价	检查人	备注
9.1.9	制功能的设备、防火墙或者相当功能的设施，实现逻辑隔离。分散控制系统与广域网的纵向交接处应当设置经国家指定部门检测认证的电力专用纵向加密认证装置或者加密认证网关及相应设施。分散控制系统禁止采用安全风险高的通用网络服务功能。分散控制系统的重要业务系统应当采用认证加密机制	2	检查 DCS 系统与其他生产大区之间是否采用具有访问控制功能的设备、防火墙或者相当功能的设施，实现逻辑隔离				
		3	检查 DCS 系统与广域网的纵向交接处是否设置经国家指定部门检测认证的电力专用纵向加密认证装置或者加密认证网关及相应设施				
		4	检查 DCS 系统是否禁用安全风险高的通用网络服务功能				
		5	检查 DCS 系统的重要业务系统是否采用认证加密机制				
9.1.10	分散控制系统电子间环境满足相关标准要求，不应有380V及以上动力电缆及产生较大电磁干扰的设备。机组运行时，禁止在电子间使用无线通信工具	1	检查 DCS 系统电子间是否符合：环境清洁，滤网干净，控制机柜或 DCS 其他电子设备上方应偏离暖通出风口（环境参考指标：温度 18～28℃，相对湿度 45%～70%，温度变化率不大于 5℃/h，振动小于 0.075mm，含尘率小于 $0.3mg/m^3$）				
		2	检查 DCS 电子间和电缆层有无 380V 及以上动力电缆及产生较大电磁干扰的设备				
		3	检查电子间制度是否规定机组运行时禁止在电子间使用无线通信工具				
9.1.11	远程控制柜与主系统的两路通信电（光）缆要分层敷设	1	检查 DCS 电缆层（设计图），远程控制柜与主系统的两路通信电（光）缆是否分层敷设				
9.1.12	对于多台机组分散控制系统网络互联的情况，以及当公用分散控制系统的网络独立配置并与两台单元机组的分散控制系统进行通信时，应采取可靠隔离措施，防止交叉操作	1	检查 DCS 系统网络设计说明是否符合，对于多网通信的DCS 系统，应采取可靠隔离措施、防止交叉操作，确保任何时候只有一台机组发出有效操作指令				
9.1.13	交流、直流电源开关和接线端子应分开布置，直流电源开关和接线端子应有明显的标示	1	检查电源系统（设计图），交、直流电源开关和接线端子是否分开布置				
		2	检查直流电源柜，直流电源开关和接线端子是否有明显的标示				

编号	条文规定	小项	检查内容	是否符合	评价	检查人	备注
9.3	分散控制系统故障的紧急处理措施	18					
9.3.1	已配备分散控制系统的电厂，应根据机组的具体情况，建立分散控制系统故障时的应急处理机制，制定在各种情况下切实可操作的分散控制系统故障应急处理预案，并定期进行反事故演习	1	检查 DCS 系统故障应急处理措施				
		2	检查 DCS 系统故障应急处理预案				
		3	检查 DCS 系统反事故演习方案和演习记录				
9.3.2	当全部操作员站出现故障时（所有上位机"黑屏"或"死机"），若主要后备硬手操及监视仪表可用且暂时能够维持机组正常运行，则转用后备操作方式运行，同时排除故障并恢复操作员站运行方式，否则应立即执行停机、停炉预案。若无可靠的后备操作监视手段，应执行停机、停炉预案	1	检查 DCS 系统故障应急处理预案中相关条款；若机组出现过此故障，检查故障处理记录				
9.3.3	当部分操作员站出现故障时，应由可用操作员站继续承担机组监控任务，停止重大操作，同时迅速排除故障；若故障无法排除，则应根据具体情况启动相应应急预案	1	检查 DCS 系统故障应急处理预案中相关条款；若机组出现过此故障，检查故障处理记录				
9.3.4	当系统中的控制器或相应电源故障时，应采取以下对策：	3					
	9.2.4.1 辅机控制器或相应电源故障时，可切至后备手动方式运行并迅速处理系统故障，若条件不允许则应将该辅机退出运行	1	检查 DCS 系统故障应急处理预案中相关条款；若机组出现过此故障，检查故障处理记录				
	9.2.4.2 调节回路控制器或相应电源故障时，应将自动切至就地或本机运行方式，保持机组运行稳定，根据处理情况采取相应措施，同时应立即更换或修复控制器模件	2	检查 DCS 系统故障应急处理预案中相关条款；若机组出现过此故障，检查故障处理记录				
	9.2.4.3 涉及机炉保护的控制器故障时应立即更换或修复控制器模件，涉及机炉保护电源故障时则应采用强送措施，此时应做好防止控制器初始化的措施。若恢复失败则应紧急停机停炉	3	检查 DCS 系统故障应急处理预案中相关条款；若机组出现过此故障，检查故障处理记录				

编号	条文规定	小项	检查内容	是否符合	评价	检查人	备注
9.3.5	冗余控制器（包括电源）故障和故障后复位时，应采取必要措施，确认保护和控制信号的输出处于安全位置	1	检查 DCS 系统故障应急处理预案中相关条款；若机组出现过此故障，检查故障处理记录				
9.3.6	加强对分散控制系统的监视检查，当发现中央处理器、网络、电源等故障时，应及时通知运行人员并启动相应应急预案	1	检查 DCS 系统维护制度				
		2	检查 DCS 系统监视检查记录（如工程师站、电子间巡检记录等）				
		3	检查 DCS 系统故障应急处理预案中相关条款；若机组出现过此故障，检查故障处理记录				
9.3.7	规范分散控制系统软件和应用软件的管理，软件的修改、更新、升级必须履行审批授权及责任人制度。在修改、更新、升级软件前，应对软件进行备份。拟安装到分散控制系统中使用的软件必须严格履行测试和审批程序，必须建立有针对性的分散控制系统防病毒措施	1	检查 DCS 系统软件管理维护制度				
		2	检查 DCS 系统软件修改、更新、升级记录				
		3	检查 DCS 系统软件测试和审批记录				
		4	检查 DCS 系统防病毒措施				
9.3.8	加强分散控制系统网络通信管理，运行期间严禁在控制器、人机接口网络上进行不符合相关规定许可的较大数据包的存取，防止通信阻塞	1	检查 DCS 系统网络通信管理制度				
		2	检查 DCS 系统网络通信管理记录				
9.4	防止热工保护失灵	37					
9.4.1	除特殊要求的设备外（如紧急停机电磁阀控制），其他所有设备都应采用脉冲信号控制，防止分散控制系统失电导致停机停炉时，引起该类设备误停运，造成重要主设备或辅机的损坏	1	检查设备控制回路（紧急停机电磁阀控制等除外）说明书，控制信号是否采用脉冲信号				
9.4.2	涉及机组安全的重要设备应独立于分散控制系统的硬接线操作回路。汽轮机润滑油压力低信号应直接送入事故润滑油泵电气启动回路，确保在没有分散控制系统控制的情况下能够自动启动，保证汽轮机的安全	1	检查 DCS 系统设计图，涉及机组安全的重要设备是否有独立于分散控制系统的硬接线操作回路（如手动停机停炉按钮等）				
		2	检查事故润滑油泵电气回路设计图，汽轮机润滑油压力低信号是否直接送入事故润滑油泵电气启动回路				

编号	条文规定	小项	检查内容	是否符合	评价	检查人	备注
9.4.3	所有重要的主、辅机保护都应采用"三取二"的逻辑判断方式，保护信号应遵循从取样点到输入模件全程相对独立的原则，确因系统原因测点数量不够，应有防保护误动措施	1	检查 DCS 逻辑（说明书）、热工保护定值（清册）：重要的主、辅机保护是否采用"三取二"的逻辑判断方式				
		2	检查保护信号测点布置图、DCS 系统 I/O 清册，重要的主、辅机保护信号是否从取样点到输入模件全程相对独立				
		3	检查因系统原因测点数量不够，是否有防保护误动措施（如信号坏质量判断、变化速率判断等）				
9.4.4	热工保护系统输出的指令应优先于其他任何指令。机组应设计硬接线跳闸回路，分散控制系统的控制器发出的机、炉跳闸信号应冗余配置。机、炉主保护回路中不应设置供运行人员切（投）保护的任何操作手段	1	检查热工保护设计说明是否符合：热工保护系统输出的指令应优先于其他任何指令，即"保护优先原则"				
		2	检查控制台上是否设置总燃料跳闸、停止汽轮机和解列发电机的跳闸按钮，跳闸按钮是否直接接至停炉、停机的驱动回路				
		3	检查机、炉跳闸信号应冗余配置是否符合：机、炉跳闸控制器单独冗余设计；保护系统应有独立的 I/O 通道，冗余 I/O 信号接入不同的 I/O 模件；保护信号开关量仪表和变送器应单独设置，确有困难须与其他系统合用，其信号应该首先进入保护系统				
		4	检查机、炉主保护回路和监视画面，是否设置供运行人员切（投）保护的任何操作手段				
9.4.5	独立配置的锅炉灭火保护装置应符合技术规范要求，并配置可靠的电源。系统涉及的炉膛压力取样装置、压力开关、传感器、火焰检测器及冷却风系统等设备应符合相关规程的规定	1	检查锅炉灭火保护系统（设计说明）是否符合：包括火焰检测装置（含火检探头和冷却风机）、炉膛压力测量装置（含压力开关和取样装置）、电源（双路冗余配置）、系统硬件和通信接口				

编号	条文规定	小项	检查内容	是否符合	评价	检查人	备注
9.4.5	独立配置的锅炉灭火保护装置应符合技术规范要求，并配置可靠的电源。系统涉及的炉膛压力取样装置、压力开关、传感器、火焰检测器及冷却风系统等设备应符合相关规程的规定	2	检查 FSSS 系统涉及的炉膛压力取样装置、压力开关、传感器、火焰检测器及冷却风系统等设备是否符合相关规程的规定 [参考规程：《火力发电厂锅炉炉膛安全监控系统验收测试规程》（DL/T 655—2017），《火力发电厂锅炉炉膛安全监控系统验收测试规程》（DL/T 1091—2018）]				
		3	检查炉膛压力取源部件的安装情况是否符合：炉膛压力取源部件的位置应符合锅炉厂要求，宜设在燃烧室火焰中心的上部，采取防堵和吹扫结构，取压管应倾斜向上安装，与水平线所成夹角应大于 30°				
		4	检查火焰检测装置探头的安装角度及使用温度是否符合制造厂要求，是否有防止污染和超温的措施				
9.4.6	定期进行保护定值的核实检查和保护的动作试验，在役的锅炉炉膛安全监视保护装置的动态试验（指在静态试验合格的基础上，通过调整锅炉运行工况，达到 MFT 动作的现场整套炉膛安全监视保护系统的闭环试验）间隔不得超过 3 年	1	检查热工保护定值清册				
		2	检查热工保护试验记录				
		3	检查锅炉炉膛安全监视保护装置试验方案和（动态）试验记录				
9.4.7	汽轮机紧急跳闸系统和汽轮机监视仪表应加强定期巡视检查，所配电源应可靠，电压波动值不得大于±5%，且不应含有高次谐波。TSI 的中央处理器及重要跳机保护信号和通道必须冗余配置，输出继电器必须可靠	1	检查 TSI 和 ETS 系统巡检记录				
		2	检查 TSI 电源系统（设计说明）是否符合：系统应配置两路可靠的冗余电源和至少两块电源模块实现装置间的无扰切换				
		3	检查 ETS 电源系统（设计说明）是否符合：系统应配置两路可靠的冗余电源，分别切换或失去任一电源时，保护回路不会抖动或误动；输出继电器应由两路供电；机柜两路进线电源均应进行监视，任一电源失去有报警信号				

编号	条文规定	小项	检查内容	是否符合	评价	检查人	备注
9.4.7	汽轮机紧急跳闸系统和汽轮机监视仪表应加强定期巡视检查，所配电源应可靠，电压波动值不得大于±5%，且不应含有高次谐波。TSI 的中央处理器及重要跳机保护信号和通道必须冗余配置，输出继电器必须可靠	4	检查 TSI 和 ETS 电源系统是否符合（测试报告）：所配电压波动值不得大于±5%，且不应含有高次谐波				
		5	检查 TSI 系统（设计说明）是否符合：TSI 的中央处理器及重要跳机保护信号和通道必须冗余配置，输出继电器必须可靠；采用轴承相对信号作为保护的信号源，有防止单点信号误动的措施；汽轮机轴向位移信号，应至少采用三取二或具备同等判断功能的逻辑；高、中、低压缸差胀保护，设计单点信号时宜设置 10～20s 延时，设计两点信号时宜采用二取二逻辑；单点设置的汽轮机缸胀信号宜作为报警信号；TSI 输入信号，应设置断线自动退出保护的逻辑判断与报警功能；TSI 传感器宜采用中间不带接头且全程带金属铠装的电缆				
9.4.8	汽轮机紧急跳闸系统跳机继电器应设计为失电动作，硬手操设备本身要有防止误操作、动作不可靠的措施。手动停机保护应具有独立于分散控制系统（或可编程逻辑控制器 PLC）装置的硬跳闸控制回路，配置有双通道四跳闸线圈汽轮机紧急跳闸系统的机组，应定期进行汽轮机紧急跳闸系统在线试验	1	检查 ETS 系统（设计说明）是否符合：跳机继电器应设计为失电动作；串并联配置的 ETS 停机电磁阀，任一动作不会引起系统误动或拒动				
		2	检查硬手操设备情况是否符合：硬手操设备本身要有防止误操作、动作不可靠的措施，宜设置双后备操作按钮，每个按钮 2 对触点并联后与另一按钮触点串联输出				
		3	检查 ETS 系统控制逻辑是否符合：转速、凝汽器真空、润滑油压、EH 油压、发电机断水保护信号，应采用三取二或同等判断功能的逻辑，其他进 ETS 信号也应来自不同模件、不同端子板的至少两对信号，进行三取二或二取一逻辑判断				

编号	条文规定	小项	检查内容	是否符合	评价	检查人	备注
9.4.8	汽轮机紧急跳闸系统跳机继电器应设计为失电动作，硬手操设备本身要有防止误操作、动作不可靠的措施。手动停机保护应具有独立于分散控制系统（或可编程逻辑控制器 PLC）装置的硬跳闸控制回路，配置有双通道四跳闸线圈汽轮机紧急跳闸系统的机组，应定期进行汽轮机紧急跳闸系统在线试验	4	检查手动停机保护系统（设计说明）是否符合：应具有独立于 DCS（或 PLC）装置的硬跳闸控制回路，其信号连接 ETS 模件的同时，应直接跨接至保护输出继电器驱动回路				
		5	检查采用 PLC 的 ETS 系统是否单独设置首出跳闸原因记忆和事故追忆功能				
		6	配置有双通道四跳闸线圈汽轮机紧急跳闸系统的机组，检查 ETS 系统调试记录、定期在线试验记录				
9.4.9	重要控制回路的执行机构应具有"三断"保护（断气、断电、断信号）功能，特别重要的执行机构，还应设有可靠的机械闭锁措施	1	检查重要控制回路（设计说明）是否符合：其执行机构应具有"三断"保护（断气、断电、断信号）功能，特别重要的执行机构，还应设有可靠的机械闭锁措施。重要控制回路一般包括 FSSS、MFT、DEH、ETS、TSI、MEH、BPC、FGD、脱硝、电除尘、循环水和对外供热控制系统等				
9.4.10	主机及主要辅机保护逻辑设计合理，符合工艺及控制要求，逻辑执行时序、相关保护的配合时间配置合理，防止由于取样延迟等时间参数设置不当而导致的保护失灵	1	检查主机及主要辅机保护逻辑（设计说明）				
9.4.11	重要控制、保护信号根据所处位置和环境，信号的取样装置应有防堵、防震、防漏、防冻、防雨、防抖动等措施，触发机组跳闸的保护信号的开关量仪表和变送器应单独设置，当确有困难需与其他系统合用时，其信号应首先进入保护系统	1	检查重要控制、保护信号所处位置和环境是否符合：信号的取样装置采取必要的防堵、防震、防漏、防冻、防雨、防抖动等措施				
		2	检查保护逻辑（设计说明）是否符合：触发机组跳闸的保护信号的开关量仪表和变送器应单独设置，当确有困难而需与其他系统合用时，其信号应首先进入保护系统，即"保护优先"				

续表

编号	条文规定	小项	检查内容	是否符合	评价	检查人	备注
9.4.12	若发生热工保护装置（系统、包括一次检测设备）故障，应开具工作票，经批准后方可处理。锅炉炉膛压力、全炉膛灭火、汽包水位（直流炉断水）和汽轮机超速、轴向位移、机组振动、低油压等重要保护装置在机组运行中严禁退出，当其故障被迫退出运行时，应制定可靠的安全措施，并在 8h 内恢复；其他保护装置被迫退出运行时，应在 24h 内恢复	1	检查热工保护装置检修工作票				
		2	检查热工保护投退制度				
		3	检查热工保护投退记录				
9.4.13	检修机组启动前或机组停运 15 天以上，应对汽机、锅炉主保护及其他重要热工保护装置进行静态模拟试验，检查跳闸逻辑、报警及保护定值。热工保护联锁试验中，尽量采用物理方法进行实际传动；如条件不具备，可在现场信号源处模拟试验，但禁止在控制柜内通过开路或短路输入端子的方法进行试验	1	检查机组保护系统作业指导书、调试方案、调试记录				
		2	检查热工保护联锁试验单和试验记录				

13 防止发电机损坏事故

编号	条文规定	小项	检查内容	是否符合	评价	检查人	备注
10	防止发电机损坏事故	64					
10.1	防止定子绕组端部松动引起相间短路	1					
10.1.1	200MW 及以上容量汽轮发电机安装、新投运 1 年后及每次大修时都应检查定子绕组端部的紧固、磨损情况，并按照《大型汽轮发电机绕组端部动态特性的测量及评定》（DL/T 735—2000）和《透平型发电机定子绕组端部动态特性和振动试验方法及评定》（GB/T 20140—2006）进行模态试验，试验不合格或存在松动、磨损情况应及时处理；多次出现松动、磨损情况应重新对发电机定子绕组端部进行整体绑扎；多次出现大范围松动、磨损情况应对发电机定子绕组端部结构进行改造，如设法改变定子绕组端部结构固有频率，或加装定子绕组端部振动在线监测系统监视运行，运行限值按照《透平型发电机定子绕组端部动态特性和振动试验方法及评定》（GB/T 20140—2006）设定	1	检查发电机端部动态特性交接试验报告				
10.2	防止定子绕组绝缘损坏和相间短路	10					
10.2.1	加强大型发电机环形引线、过渡引线、鼻部手包绝缘、引水管水接头等部位的绝缘检查，并对定子绕组端部手包绝缘施加直流电压测量试验，及时发现和处理设备缺陷	1	检查发电机定子绕组端部手包绝缘试验报告				
10.2.2	严格控制氢气湿度	5					
10.2.2.1	按照《氢冷发电机氢气湿度技术要求》（DL/T 651—1998）的要求，严格控制氢冷发电机机内氢气湿度。在氢气湿度超标情况下，禁止发电机长时间运行。运行中应确保	1	检查氢气干燥器运行情况				

编号	条文规定	小项	检查内容	是否符合	评价	检查人	备注
10.2.2.1	氢气干燥器始终处于良好工作状态。氢气干燥器的选型宜采用分子筛吸附式产品，并且应具有发电机充氢停机时继续除湿功能	2	检查发电机氢气湿度是否满足要求				
10.2.2.2	密封油系统回油管路必须保证回油畅通，加强监视，防止密封油进入发电机内部。密封油系统油净化装置和自动补油装置应随发电机组投入运行。发电机密封油含水量等指标，应达到《运行中氢冷发电机用密封油质量标准》（DL/T 705—1999）的规定要求	1	检查密封油回油油箱油位				
		2	检查油净化装置、自动补油装置是否随机组投运				
		3	检查密封油监督检测报告				
10.2.3	水内冷定子绕组内冷水箱应加装氢气含量检测装置，定期进行巡视检查，做好记录。在线监测限值按照《隐极同步发电机技术要求》（GB/T 7064—2008）设定（见《二十五项重点要求》中 10.5.2），氢气含量检测装置的探头应结合机组检修进行定期校验，具备条件的宜加装定子绕组绝缘局部放电和绝缘局部过热监测装置	1	检查定子绕组内冷水箱是否安装氢气含量检测装置				
		2	检查氢气含量监测装置的运行记录				
		3	检查氢气检测探头的校验报告				
10.2.4	汽轮发电机新机出厂时应进行定子绕组端部起晕试验，起晕电压应满足《隐极同步发电机技术要求》（GB/T 7064—2008）。大修时应按照《发电机定子绕组端部电晕与评定导则》（DL/T 298—2011）进行电晕检查试验，并根据试验结果指导防晕层检修工作	1	检查发电机出厂起晕试验报告				
10.3	防止定、转子水路堵塞、漏水	16					
10.3.1	防止水路堵塞过热	9					
10.3.1.1	水内冷系统中的管道、阀门的橡胶密封圈宜全部更换成聚四氟乙烯垫圈，并应定期（1～2 个大修期）更换	1	检查水内冷系统中管道、阀门的密封圈材质				
10.3.1.2	安装定子内冷水反冲洗系统，定期对定子线棒进行反冲洗安装定子内冷水反冲洗系统，定期对定子线棒进行反冲洗，定期检查和清洗滤网，宜使用激光打孔的不锈钢板新型滤网，反冲洗回路不锈钢滤网应达到 200 目。定期检查和清洗滤网	1	检查发电机运行规程是否对定子冷却水反冲洗相关内容作出规定				
		2	检查定子内冷水系统的调试记录				

编号	条文规定	小项	检查内容	是否符合	评价	检查人	备注
10.3.1.4	扩大发电机两侧汇水母管排污口,并安装不锈钢阀门,以利于清除母管中的杂物	1	检查定子内冷水汇水母管排污口是否采用不锈钢阀门				
10.3.1.5	水内冷发电机的内冷水质应按照《大型发电机内冷却水质及系统技术要求》(DL/T 801—2010)进行优化控制,长期不能达标的发电机宜对水内冷系统进行设备改造	1	检查定子内冷水监督化验报告,内冷水质是否满足要求				
10.3.1.6	严格保持发电机转子进水支座石棉盘根冷却水压低于转子内冷水进水压力,以防石棉材料破损物进入转子分水盒内	1	对于双水内冷发电机组,检查转子进水支座石棉盘根冷却水压是否低于转子内冷水进水压力				
10.3.1.7	按照《汽轮发电机运行导则》(DL/T 1164—2012)要求,加强监视发电机各部位温度,当发电机(绕组、铁芯、冷却介质)的温度、温升、温差与正常值有较大的偏差时,应立即分析、查找原因。温度测点的安装必须严格执行规范,要有防止感应电影响温度测量的措施,防止温度跳变、显示误差。对于水氢冷定子线棒层间测温元件的温差达 8℃或定子线棒引水管同层出水温差达 8℃报警时,应检查定子三相电流是否平衡,定子绕组水路流量与压力是否异常,如果发电机的过热是由于内冷水中断或内冷水量减少引起,则应立即恢复供水;当定子线棒(层阀测温元件)的温差达 14℃或定子线棒引水管同层出水温差达 12℃,或任一定子槽内层间测温元件温度超过 90℃或出水温度超过 85℃时,应立即降低负荷,在确认测温元件无误后,为避免发生重大事故,应立即停机,进行反冲洗及有关检查处理	1	检查发电机温度测点是否有防止感应电的措施				
		2	检查发电机各部位温度是否正常				
		3	检查运行规程是否有相关规定				
10.3.2	防止定子绕组和转子绕组漏水	7					
10.3.2.1	绝缘引水管不得交叉接触,引水管之间、引水管与端罩之间应保持足够的绝缘距离。检修中应加强绝缘引水管检查,引水管外表应无伤痕	1	检查绝缘引水管安装是否满足要求				

编号	条文规定	小项	检查内容	是否符合	评价	检查人	备注
10.3.2.2	认真做好漏水报警装置调试、维护和定期检验工作，确保装置反应灵敏、动作可靠，同时对管路进行疏通检查，确保管路畅通	1	检查漏水报警装置的调试记录				
10.3.2.3	水内冷转子绕组复合引水管应更换为具有钢丝编织护套的复合绝缘引水管	1	对于双水内冷机组，检查转子绕组复合引水管的材质				
10.3.2.4	为防止转子线圈拐角断裂漏水，100MW 及以上机组的出水铜拐角应全部更换为不锈钢材质	1	对于双水内冷机组，检查转子线圈出水铜拐角的材质				
10.3.2.5	机组大修期间，按照《汽轮发电机漏水、漏氢的检验》（DL/T 607）对水内冷系统密封性进行检验。当对水压试验结果不确定时，宜用气密试验查漏	1	检查发电机水内冷系统的调试报告				
10.3.2.7	水内冷发电机发出漏水报警信号，经判断确认是发电机漏水时，应立即停机处理	1	检查运行规程是否有此项内容				
		2	现场询问值班员是否了解				
10.4	防止转子匝间短路	2					
10.4.1	频繁调峰运行或运行时间达到20 年的发电机，或者运行中出现转子绕组匝间短路迹象的发电机（如振动增加或与历史比较同等励磁电流时对应的有功功率和无功功率下降明显），或者在常规检修试验（如交流阻抗或分包压降测量试验）中认为可能有匝间短路的发电机，应在检修时通过探测线圈波形法或 RSO 脉冲测试法等试验方法进行动态及静态匝间短路检查试验，确认匝间短路的严重情况，以此制订安全运行条件及检修消缺计划，有条件的可加装转子绕组动态匝间短路在线监测装置	1	检查有转子绕组匝间短路迹象的发电机，是否通过试验予以确认并消缺				
10.4.2	经确认存在较严重转子绕组匝间短路的发电机应尽快消缺，防止转子、轴瓦等部件磁化。发电机转子、轴承、轴瓦发生磁化（参考值：轴瓦、轴颈大于 10×10^{-4}T，其他部件大于 50×10^{-4}T）应进行退磁处理。退磁后要求剩磁参考值为：轴瓦、轴颈不大于 2×10^{-4}T，其他部件小于 10×10^{-4}T	1	检查是否对已经存在严重转子绕组匝间短路的发电机及时消缺				

编号	条文规定	小项	检查内容	是否符合	评价	检查人	备注
10.5	防止漏氢	6					
10.5.1	发电机出线箱与封闭母线连接处应装设隔氢装置，并在出线箱顶部适当位置设排气孔。同时应加装漏氢监测报警装置，当氢气含量达到或超过1%时，应停机查漏消缺	1	检查发电机出线箱与封闭母线连接处是否装设隔氢装置，并在出线箱顶部适当位置设排气孔				
		2	检查运行规程中是否有相应内容				
10.5.2	严密监测氢冷发电机油系统、主油箱内的氢气体积含量，确保避开含量在4%～75%的可能爆炸范围。内冷水箱中含氢（体积含量）超过2%应加强对发电机的监视，超过10%应立即停机消缺。内冷水系统中漏氢量达到0.3m³/d时应在计划停机时安排消缺，漏氢量大于5m³/d时应立即停机处理	1	检查运行规程中是否有相应内容				
		2	检查漏氢监测报警装置中，发电机油系统、主油箱、内冷水箱内的氢气含量是否满足要求				
10.5.3	密封油系统平衡阀门、压差阀门必须保证动作灵活、可靠，密封瓦间隙必须调整合格。发现发电机大轴密封瓦处轴颈存在磨损沟槽，应及时处理	1	检查密封油系统的调试记录				
10.5.4	对发电机端盖密封面、密封瓦法兰面以及氢系统管道法兰面等所使用的密封材料（包含橡胶垫、圈等），必须进行检验合格后方可使用。严禁使用合成橡胶、再生橡胶制品	1	检查发电机端盖密封面、密封瓦法兰面以及氢系统管道法兰面等所使用密封材料的厂家资料和材质				
10.6	防止发电机局部过热	5					
10.6.1	发电机绝缘过热监测器发生报警时，运行人员应及时记录并上报发电机运行工况及电气和非电量运行参数，不得盲目将报警信号复位或随意降低监测仪检测灵敏度。经检查确认非监测仪器误报，应立即取样进行色谱分析，必要时停机进行消缺处理	1	检查运行规程是否有相应内容				
		2	检查运行记录是否有发电机绝缘过热报警记录				
10.6.2	大修时对氢内冷转子进行通风试验，发现风路堵塞及时处理	1	检查氢内冷转子通风试验报告				
10.6.3	全氢冷发电机定子线棒出口风温差达到8℃或定子线棒间温差超过80℃时，应立即停机处理	1	检查运行规程是否有相应内容				
		2	检查定子线棒出口风温差和线棒间温差				

编号	条文规定	小项	检查内容	是否符合	评价	检查人	备注
10.7	防止发电机内遗留金属异物故障的措施	1					
10.7.1	严格规范现场作业标准化管理，防止锯条、螺钉、螺母、工具等金属杂物遗留定子内部，特别应对端部线圈的夹缝、上下渐伸线之间位置做详细检查		检查现场作业管理规定是否有相应内容，查发电机端盖封闭签证				
10.8	防止护环开裂	2					
10.8.1	发电机转子在运输、存放及大修期间应避免受潮和腐蚀。发电机大修时应对转子护环进行金属探伤和金相检查，检出有裂纹或蚀坑应进行消缺处理，必要时更换为18Mn18Cr材料的护环	1	检查转子是否有运输和存放方案				
		2	检查转子护环是否进行金属探伤和金相检查				
10.9	防止发电机非同期并网	6					
10.9.1	微机自动准同期装置应安装独立的同期鉴定闭锁继电器	1	现场检查是否满足要求				
10.9.2	新投产、大修机组及同期回路（包括电压交流回路、控制直流回路、整步表、自动准同期装置及同期把手等）发生改动或设备更换的机组，在第一次并网前必须进行以下工作：	4					
10.9.2.1	对装置及同期回路进行全面、细致的校核、传动	1	检查同期装置调试记录				
10.9.2.2	利用发电机一变压器组带空载母线升压试验，校核同期电压检测二次回路的正确性，并对整步表及同期检定继电器进行实际校核	1	检查机组整套启动电气试验记录				
			检查机组整套启动电气试验记录				
10.9.2.3	进行机组假同期试验，试验应包括断路器的手动准同期及自动准同期合闸试验、同期（继电器）闭锁等内容	1	检查机组整套启动电气试验方案是否包含自动准同期合闸试验方案				
		2	检查自动准同期合闸试验记录				
10.10	防止发电机定子铁芯损坏	2					
10.10	检修时对定子铁芯进行仔细检查，发现异常现象，如局部松齿、铁芯片短缺、外表面附着黑色油污等，应结合实际异常情况进行发电机定子铁芯故障诊断试验，或温升及铁损试验，检查铁芯片间绝缘有无短路以及铁芯发热情况，分析缺陷原因，并及时进行处理	1	检查安装记录，是否对定子铁芯进行检查				
		2	检查是否对有异常情况的铁芯开展相关试验及处理				

编号	条文规定	小项	检查内容	是否符合	评价	检查人	备注
10.11	防止发电机转子绕组接地故障	4					
10.11.1	当发电机转子回路发生接地故障时,应立即查明故障点与性质,如系稳定性的金属接地且无法排除故障时,应立即停机处理	1	检查转子接地故障时是否查明故障点				
		2	检查转子金属性接地时是否立即停机处理				
10.11.2	机组检修期间要定期对交直流励磁母线箱内进行清擦、连接设备定期检查,机组投运前励磁绝缘应无异常变化	1	检查交直流励磁母线投运前是否进行检查				
		2	检查投运前励磁绝缘试验报告				
10.13	防止励磁系统故障引起发电机损坏	9					
10.13.1	有进相运行工况的发电机,其低励限制的定值应在制造厂给定的容许值和保持发电机静稳定的范围内,并定期校验	1	检查自动励磁调节器的低励磁限制和低励磁保护的定值是否在制造厂给定的容许值内				
		2	检查自动励磁调节器校验报告				
10.13.2	自动励磁调节器的过励限制和过励保护的定值应在制造厂给定的容许值内,并定期校验	1	检查自动励磁调节器的过励磁限制和过励磁保护的定值是否在制造厂给定的容许值内				
		2	检查自动励磁调节器校验报告				
10.13.3	励磁调节器的自动通道发生故障时应及时修复并投入运行。严禁发电机在手动励磁调节(含按发电机或交流励磁机的磁场电流的闭环调节)下长期运行。在手动励磁调节运行期间,在调节发电机的有功负荷时必须先适当调节发电机的无功负荷,以防止发电机失去静态稳定性	1	检查手动控制情况下是否采取相应措施				
		2	检查运行规程中,是否有手动控制相关规定				
		3	询问相关人员是否掌握手动励磁调节方法				
10.13.4	运行中应坚持红外成像检测滑环及碳刷温度,及时调整,保证电刷接触良好;必要时检查集电环椭圆度,椭圆度超标时应处理,运行中碳刷打火应采取措施消除,不能消除的要停机处理,一旦形成环火必须立即停机	1	检查滑环及碳刷的红外成像检测记录				
		2	现场检查确认发电机滑环不得有打火现象				
10.14	防止封闭母线凝露引起发电机跳闸故障	5					

续表

编号	条文规定	小项	检查内容	是否符合	评价	检查人	备注
10.14.1	加强封闭母线微正压装置的运行管理。微正压装置的气源宜取用仪用压缩空气，应具有滤油、滤水过滤（除湿）功能，定期进行封闭母线内空气湿度的测量。有条件时在封闭母线内安装空气湿度在线监测装置	1	检查微正压装置是否满足上述要求				
		2	现场检查母线内空气湿度				
10.14.2	机组运行时微正压装置根据气候条件（如北方冬季干燥）可以退出运行，机组停运时投入微正压装置，但必须保证输出的空气湿度满足在环境温度下不凝露。有条件的可加装热风保养装置，在机组启动前将其投入，母线绝缘正常后退出运行	1	检查是否有微正压装置运行管理规定				
10.14.3	利用机组检修期间定期对封母内绝缘子进行耐压试验、保压试验，如果保压试验不合格禁止投入运行，并在条件许可时进行清擦；增加主变压器低压侧与封闭母线连接的升高座应设置排污装置，定期检查是否堵塞，运行中定期检查是否存在积液；封闭母线护套回装后应采取可靠的防雨措施；机组大修时应检查支持绝缘子底座密封垫、盘式绝缘子密封垫、窥视孔密封垫和非金属伸缩节密封垫，如有老化变质现象，应及时更换	1	检查投运前是否开展绝缘子耐压试验，封母保压试验				
		2	现场检查主变压器低压侧与封闭母线连接的升高座处是否设置有排污装置，并检查是否有定期排污记录				

14 防止发电机励磁系统事故

编号	条文规定	小项	检查内容	是否符合	评价	检查人	备注
11	防止发电机励磁系统事故	35					
11.1	加强励磁系统的设计管理	12					
11.1.1	励磁系统应保证良好的工作环境，环境温度不得超过规定要求。励磁调节器与励磁变压器不应置于同一场地内，整流柜冷却通风入口应设置滤网，必要时应采取防尘降温措施	1	现场检查励磁间工作环境是否满足规定要求				
		2	现场检查励磁调节器与励磁变压器是否置于同一场地				
		3	现场检查整流柜冷却通风入口设置滤网				
11.1.2	励磁系统中两套励磁调节器的电压回路应相互独立，使用机端不同电压互感器的二次绕组，防止其中一个故障引起发电机误强励磁	1	检查励磁调节器电压回路是否独立				
		2	检查励磁系统 PT 断线通道切换试验报告				
11.1.3	励磁系统的灭磁能力应达到国家标准要求，且灭磁装置应具备独立于调节器的灭磁能力。灭磁开关的弧压应满足误强励灭磁的要求	1	检查励磁系统静态试验报告和弧压试验报告				
		2	检查灭磁装置是否具有独立于调节器的灭磁回路				
11.1.4	自并励磁系统中，励磁变压器不应采取高压熔断器作为保护措施。励磁变压器保护定值应与励磁系统强励磁能力相配合，防止机组强励磁时保护误动作	1	检查励磁变压器是否采取高压熔断器作为保护措施				
11.1.5	励磁变压器的绕组温度应具有有效的监视手段，并控制其温度在设备允许的范围之内。有条件的可装设铁芯温度在线监视装置	1	现场检查励磁变压器绕组温度是否具有有效的监视手段				
		2	现场检查励磁变压器绕组温度是否在设备允许范围内				
11.1.6	当励磁系统中过励磁限制、低励磁限制、定子过电压或过电流限制的控制失效后，相应的发电机保护应完成解列灭磁	1	检查励磁系统限制环节与对应继电保护配合校核情况，是否满足要求				
11.1.7	励磁系统电源模块应定期检查，且备有备件，发现异常时应及时予以更换	1	检查现场是否备有励磁系统电源模块				
11.2	加强励磁系统的基建安装及设备改造的管理	5					

编号	条文规定	小项	检查内容	是否符合	评价	检查人	备注
11.2.1	励磁变压器高压侧封闭母线外壳用于各相别之间的安全接地连接应采用大截面金属板，不应采用导线连接，防止不平衡的强磁场感应电流烧毁连接线	1	现场检查励磁变压器高压侧封闭母线外壳用于各相别之间的安全接地连接是否采用大截面金属板				
11.2.2	发电机转子一点接地保护装置原则上应安装于励磁系统柜。接入保护柜或机组故障录波器的转子正、负极采用高绝缘电缆且不能与其他信号共用电缆	1	检查发电机转子一点接地保护装置是否安装于励磁系统柜				
		1	现场检查上述电缆是否为高绝缘电缆，且不能与其他信号共用				
11.2.3	励磁系统的二次控制电缆均应采用屏蔽电缆，电缆屏蔽层应可靠接地	1	检查励磁系统二次控制电缆是否为屏蔽电缆				
		2	检查屏蔽层是否可靠接地				
11.3	加强励磁系统的调整试验管理	10					
11.3.1	电力系统稳定器装置的定值设定和调整应由具备资质的科研单位或认可的技术监督单位按照相关行业标准进行。试验前应制定完善的技术方案和安全措施上报相关管理部门备案，试验后电力系统稳定器的传递函数及自动电压调节器（AVR）最终整定参数应书面报告相关调度部门	1	检查试验单位是否具备相关资质				
		2	检查试验方案				
		3	试验后是否将整定参数书面报告调度部门				
11.3.2	机组基建投产或励磁系统大修及改造后，应进行发电机空载和负载阶跃扰动性试验，检查励磁系统动态指标是否达到标准要求。试验前应编写包括试验项目、安全措施和危险点分析等内容的试验并经批准	1	检查励磁系统试验方案				
		2	检查试验报告				
11.3.3	励磁系统的 V/Hz 限制环节特性应与发电机或变压器过激磁能力低者相匹配，无论使用定时限还是反时限特性，都应在发电机组对应继电保护装置动作前进行限制。V/Hz 限制环节在发电机空载和负载工况下都应正确工作	1	检查励磁系统限制环节与对应继电保护配合校核情况，是否满足要求				
11.3.4	励磁系统如设有定子过压限制环节，应与发电机过压保护定值相配合，该限制环节应在机组保护之前动作	1	查励磁系统限制环节与对应继电保护配合校核情况，是否满足要求				

编号	条文规定	小项	检查内容	是否符合	评价	检查人	备注
11.3.5	励磁系统低励限制环节动作值的整定应主要考虑发电机定子边段铁芯和结构件发热情况及对系统静态稳定的影响，并与发电机失磁保护相配合在保护之前动作。当发电机进相运行受到扰动瞬间进入励磁调节器低励限制环节工作区域时，不允许发电机组进入不稳定工作状态	1	查励磁系统限制环节与对应继电保护配合校核情况，是否满足要求				
11.3.6	励磁系统的过励磁限制（即过励磁电流反时限限制和强励电流瞬时限制）环节的特性应与发电机转子的过负荷能力相一致，并与发电机保护中转子过负荷保护定值相配合在保护之前动作	1	查励磁系统限制环节与对应继电保护配合校核情况，是否满足要求				
11.3.7	励磁系统定子电流限制环节的特性应与发电机定子的过电流能力相一致，但是不允许出现定子电流限制环节先于转子过励限制动作从而影响发电机强励磁能力的情况	1	查励磁系统限制环节与对应继电保护配合校核情况，是否满足要求				
11.4	加强励磁系统运行安全管理	8					
11.4.1	并网机组励磁系统应在自动方式下运行。如励磁系统故障或进行试验需退出自动方式，必须及时报告调度部门	1	检查机组正常运行时，励磁系统是否在自动方式下				
		2	检查励磁系统故障或进行试验需退出自动方式，是否报告调度部门				
11.4.3	进相运行的发电机励磁调节器应投入自动方式，低励磁限制器必须投入	1	检查发电机进相运行时，是否投入自动方式和低励限制器				
11.4.5	修改励磁系统参数必须严格履行审批手续，在书面报告有关部门审批并进行相关试验后，方可执行，严禁随意更改励磁系统参数设置	1	检查励磁系统参数是否履行审批手续				
11.4.6	利用自动电压控制系统（AVC）对发电机调压时，受控机组励磁系统应投入自动方式	1	检查 AVC 投入时励磁系统是否投入自动方式				

编号	条文规定	小项	检查内容	是否符合	评价	检查人	备注
11.4.7	加强励磁系统设备的日常巡视，检查内容至少包括：励磁变压器各部件温度应在允许范围内；整流柜的均流系数不应低于 0.9、温度无异常、通风孔滤网无堵塞；发电机或励磁机转子碳刷磨损情况在允许范围内，滑环火花不影响机组正常运行等	1	检查巡检记录				
		2	现场检查整流柜均流系数是否满足要求				
		3	现场检查碳刷打火情况				

15 防止大型变压器损坏和互感器事故

编号	条文规定	小项	检查内容	是否符合	评价	检查人	备注
12	防止大型变压器损坏和互感器事故	102					
12.1	防止变压器出口短路事故	5					
12.1.1	加强变压器选型、订货、验收及投运的全过程管理。应选择具有良好运行业绩和成熟制造经验生产厂家的产品：240MVA 及以下容量变压器应选用通过突发短路试验验证的产品；500kV 变压器和240MVA 以上容量变压器，制造厂应提供同类产品突发短路试验报告或抗短路能力计算报告，计算报告应有相关理论和模型试验的技术支持。220kV 及以上电压等级的变压器都应进行抗震计算	1	检查变压器出厂技术资料，240MVA 及以下容量变压器是否提供突发短路试验报告				
		2	检查变压器出厂技术资料，500kV 变压器和 240MVA 以上容量变压器是否提供同类产品突发短路试验报告或抗短路能力计算报告				
12.1.2	全电缆线路不应采用重合闸，对于含电缆的混合线路应采取相应措施，防止变压器连续遭受短路冲击	1	现场检查全电缆线路是否采用重合闸				
		2	检查含电缆的混合线路是否制定相应措施				
12.1.3	变压器在遭受近区突发短路后，应做低电压短路阻抗测试或绕组变形试验，并与原始记录比较，判断变压器无故障后，方可投运	1	检查变压器在遭受近区突发短路后是否开展绕组变形试验				
12.2	防止变压器绝缘事故	24					
12.2.1	工厂试验时应将供货的套管安装在变压器上进行试验；所有附件在出厂时均应按实际使用方式经过整体预装	1	查变压器监造报告				
12.2.2	出厂局部放电试验测量电压为 $1.5U_m/\sqrt{3}$ 时，220kV 及以上电压等级变压器高、中压端的局部放电量不大于 100pC。110kV（66kV）电压等级变压器高压侧的局部放电量不大于 100pC。330kV 及以上电压等级强迫油循环变压器应在油泵全部开启时（除备用油泵）进行局部放电试验	1	查阅局部放电测试报告，放电量值是否满足要求				
		2	检查 330kV 及以上电压等级强迫油循环变压器试验时，油泵是否全部开启				

编号	条文规定	小项	检查内容	是否符合	评价	检查人	备注
12.2.3	生产厂家首次设计、新型号或有运行特殊要求的 220kV 及以上电压等级变压器在首批次生产系列中应进行例行试验、型式试验和特殊试验（承受短路能力的试验视实际情况而定）	1	检查技术规范书是否对厂家首次设计、新型号或有运行特殊要求的220kV 及以上电压等级变压器有相关要求				
		2	检查变压器出厂报告试验项目是否齐全				
12.2.5	新安装和大修后的变压器应严格按照有关标准或厂家规定进行抽真空、真空注油和热油循环，真空度、抽真空时间、注油速度及热油循环时间、温度均应达到要求。对采用有载分接开关的变压器油箱应同时按要求抽真空，但应注意抽真空前应用连通管接通本体与开关油室。为防止真空度计水银倒灌进设备中，禁止使用麦氏真空计	1	检查新安装变压器注油是否按照规定执行				
		2	检查是否采用麦氏真空计				
12.2.6	变压器器身暴露在空气中的时间：相对湿度不大于 65%为 16h；空气相对湿度不大于 75%为 12h。对于分体运输、现场组装的变压器有条件时宜进行真空煤油气相干燥	1	检查变压器是否存在器身暴露情况				
12.2.7	装有密封胶囊、隔膜或波纹管式储油柜的变压器，必须严格按照制造厂说明书规定的工艺要求进行注油，防止空气进入或漏油，并结合大修或停电对胶囊和隔膜、波纹管式储油柜的完好性进行检查	1	检查变压器注油工艺是否满足制造厂说明书要求				
12.2.8	充气运输的变压器运到现场后，必须密切监视气体压力，压力过低时（低于 0.01MPa）要补干燥气体，现场放置时间超过 3 个月的变压器应注油保存，并装上储油柜，严防进水受潮。注油前，必须测定密封气体的压力，核查密封状况，必要时应进行检漏试验。为防止变压器在安装和运行中进水受潮，套管顶部将军帽、储油柜顶部、套管升高座及其连管等处必须密封良好。必要时应测露点。如已发现绝缘受潮，应及时采取相应措施	1	检查变压器到现场后气体压力低于 0.01MPa 时是否补气				
		2	检查变压器现场放置时间超过 3 个月是否注油保存。注油前是否进行状态核查				
		3	检查变压器在安装中是否采取防潮措施				
12.2.9	变压器新油应由厂家提供新油无腐蚀性硫、结构簇、糠醛及油中颗粒度报告，变压器油运抵现场后，应取样在化学和电气绝缘试验合格后，方能注入变压器内	1	检查变压器油现场检测报告				

编号	条文规定	小项	检查内容	是否符合	评价	检查人	备注
12.2.10	110kV（66kV）及以上变压器在运输过程中，应按照相应规范安装具有时标且有合适量程的三维冲击记录仪。主变压器就位后，制造厂、运输部门、监理单位、用户四方人员应共同验收，记录纸和押运记录应提供用户留存	1	检查变压器在运输过程中是否安装符合要求的三维冲击记录仪				
		2	检查主变压器就位时，是否为制造厂、运输部门、监理单位、用户四方人员共同验收				
12.2.11	110kV（66kV）及以上电压等级变压器、50MVA及以上机组高压厂用电变压器在出厂和投产前，应用频响法和低电压短路阻抗测试绕组变形以留原始记录；110kV（66kV）及以上电压等级和120MVA及以上容量的变压器在新安装时应进行现场局部放电试验；对110kV（66kV）电压等级变压器在新安装时应抽样进行额定电压下空载损耗试验和负载损耗试验；如有条件时，500kV并联电抗器在新安装时可进行现场局部放电试验。现场局部放电试验验收，应在所有额定运行油泵（如有）启动以及工厂试验电压和时间下，220kV及以上变压器放电量不大于100pC	1	检查交接试验报告				
12.2.12	加强变压器运行巡视，应特别注意变压器冷却器潜油泵负压区出现的渗漏油，如果出现渗漏应切换停运冷却器组，进行堵漏消除渗漏点	1	现场检查变压器是否有渗漏点				
12.2.17	积极开展红外检测，新建、改扩建或大修后的变压器（电抗器），应在投运带负荷后不超过1个月内（但至少在24h以后）进行一次精确检测。220kV及以上电压等级的变压器（电抗器）每年在夏季前后应至少各进行一次精确红外检测；在高温大负荷运行期间，对220kV及以上电压等级变压器（电抗器）应增加红外检测次数。精确红外检测的测量数据和图像应制作报告存档保存	1	检查是否制定红外检测的相关规定				
12.2.18	铁芯、夹件通过小套管引出接地的变压器，应将接地引线引至适当位置，以便在运行中监测接地线中有无环流；当运行中环流异常变	1	现场检查接地引线位置是否合适				

编号	条文规定	小项	检查内容	是否符合	评价	检查人	备注
12.2.18	化，应尽快查明原因，严重时应采取措施及时处理，电流一般控制在100mA以下	2	检查接地电流测试记录				
		3	检查运行规程是否对接地电流异常变化做出相关规定				
12.2.19	应严格按照试验周期进行油色谱检验，必要时应装设在线油色谱监测装置	1	检查变压器油监督测试报告				
		2	现场检查油在线检测装置运行状况				
12.2.20	大型强迫油循环风冷变压器在设备选型阶段，除考虑满足容量要求外，应增加对冷却器组冷却风扇通流能力的要求，以防止大型变压器在高温大负荷运行条件下，冷却器全投造成变压器内部油流过快，使变压器油与内部绝缘部件摩擦产生静电，油中带电发生变压器绝缘事故	1	检查强迫油循环风冷变压器选型时，是否对冷却风扇通流能力做出规定				
12.3	防止变压器保护事故	11					
12.3.1	新安装的气体继电器必须经校验合格后方可使用；气体继电器应在真空注油完毕后再安装；瓦斯保护投运前必须对信号跳闸回路进行保护试验	1	检查气体继电器的校验报告				
		2	检查气体继电器保护信号、跳闸回路的调试记录				
12.3.2	变压器本体保护应加强防雨、防震措施，户外布置的压力释放阀、气体继电器和油流速动继电器应加装防雨罩	1	现场检查变压器本体保护是否有防雨、防震措施				
12.3.3	变压器本体保护宜采用就地跳闸方式，即将变压器本体保护通过较大启动功率中间继电器的两对触点分别直接接入断路器的两个跳闸回路，减少电缆迂回带来的直流接地、对微机保护引入干扰和二次回路断线等不可靠因素	1	检查变压器本体保护中间继电器动作功率是否大于5W				
12.3.4	变压器本体、有载分接开关的重瓦斯保护应投跳闸；若需退出重瓦斯保护，应预先制订安全措施，并经总工程师批准，限期恢复	1	检查重瓦斯保护是否投跳闸				
		2	检查重瓦斯保护投退审批记录				
12.3.5	气体继电器应定期校验。当气体继电器发出轻瓦斯动作信号时，应立即检查气体继电器，及时取气样检验，以判明气体成分，同时取油样进行色谱分析，查明原因及时排除	1	检查气体继电器校验报告				
		2	检查运行规程是否有相关规定				

编号	条文规定	小项	检查内容	是否符合	评价	检查人	备注
12.3.6	压力释放阀门在交接和变压器大修时应进行校验	1	检验压力释放阀校验报告				
12.3.7	运行中的变压器的冷却器油回路或通向储油柜各阀门由关闭位置旋转至开启位置时，以及当油位计的油面异常升高或呼吸系统有异常现象，需要打开放油或放气阀门时，均应先将变压器重瓦斯保护退出改投信号	1	检查运行规程是否做出相关规定				
12.3.8	变压器运行中，若需将气体继电器集气室的气体排出时，为防止误碰探针，造成瓦斯保护跳闸可将变压器重瓦斯保护切换为信号方式；排气结束后，应将重瓦斯保护恢复为跳闸方式	1	检查运行规程是否做出相关规定				
12.4	防止分接开关事故	3					
12.4.2	安装和检修时应检查无励磁分接开关的弹簧状况、触头表面镀层及接触情况、分接引线是否断裂及紧固件是否松动，机械指示到位后触头所处位置是否到位	1	检查无励磁分接开关安装作业指导书及安装记录				
12.4.3	新购有载分接开关的选择开关应有机械限位功能，束缚电阻应采用常接方式	1	现场检查有载分解开关是否有机械限位功能				
12.4.4	有载分接开关在安装时应按出厂说明书进行调试检查，要特别注意分接引线距离和固定状况、动静触头间的接触情况和操作机构指示位置的正确性。新安装的有载分接开关，应对切换程序与时间进行测试	1	检查有载分接开关安装记录及动作特性测试报告				
12.5	防止变压器套管事故	8					
12.5.1	新套管供应商应提供型式试验报告，用户必须存有套管将军帽结构图	1	检查套管型式试验报告				
		2	检查用户是否存有套管将军帽结构图				
12.5.2	检修时当套管水平存放，安装就位后，带电前必须进行静放，其中330kV及以上套管静放时间应大于36h，110~220kV套管静放时间应大于24h。事故抢修所装上的套管，投运后的3个月内，应取油样进行一次色谱试验	1	检查安装记录中的静放时间是否满足要求；检查油样色谱试验报告				

续表

编号	条文规定	小项	检查内容	是否符合	评价	检查人	备注
12.5.3	如套管的伞裙间距低于规定标准，应采取加硅橡胶伞裙套等措施，防止污秽闪络。在严重污秽地区运行的变压器，可考虑在瓷套涂防污闪涂料等措施	1	检查变压器套管爬电距离是否满足规定，不满足规定时是否采取加装硅橡胶伞裙套等措施				
12.5.4	作为备品的110kV（66kV）及以上套管，应竖直放置；如水平存放，其抬高角度应符合制造厂要求，以防止电容芯子露出油面受潮。对水平放置保存期超过一年的110kV（66kV）及以上套管，当不能确保电容芯子全部浸没在油面以下时，安装前应进行局部放电试验、额定电压下的介损试验和油色谱分析	1	现场检查备用套管的存放方式是否满足要求				
12.5.5	油纸电容套管在最低环境温度下不应出现负压，应避免频繁取油样分析而造成其负压。运行人员正常巡视应检查记录套管油位情况，注意保持套管油位正常。套管渗漏油时，应及时处理，防止内部受潮损坏	1	现场检查套管油位是否正常，套管是否有漏油现象				
12.5.6	加强套管末屏接地检测、检修及运行维护管理，每次拆接套管末屏后应检查套管末屏接地状况，在变压器投运时和运行中开展套管末屏接地状况带电测量	1	检查变压器交接试验报告有关套管末屏绝缘电阻、介质损耗的测试是否合格				
12.5.7	运行中变压器套管油位视窗无法看清时，继续运行过程中应按周期结合红外成像技术掌握套管内部油位变化情况，防止套管事故发生	1	现场检查不便于观察油位的变压器套管是否开展红外成像检测工作				
12.6	防止冷却系统事故	7					
12.6.2	潜油泵的轴承应采取 E 级或 D 级，禁止使用无铭牌、无级别的轴承。对强油导向的变压器油泵应选用转速不大于 1500r/min 的低速油泵	1	现场检查油泵铭牌				
12.6.3	对强油循环的变压器，在按规定程序开启所有油泵（包括备用）后整个冷却装置上不应出现负压	1	检查是否出现负压				
12.6.4	强油循环的冷却系统必须配置两个相互独立的电源，并具备自动切换功能	1	检查强油循环冷却系统的两路电源是否独立				
		2	检查冷却系统电源切换试验报告				

编号	条文规定	小项	检查内容	是否符合	评价	检查人	备注
12.6.6	变压器冷却系统的工作电源应有三相电压监测,任一相故障失电时,应保证自动切换至备用电源供电	1	检查冷却系统电源切换试验报告				
12.6.8	强油循环结构的潜油泵启动应逐台启用,延时间隔应在30s以上,以防止气体继电器误动	1	检查运行规程是否有相关规定				
12.6.9	对于盘式电机油泵,应注意定子和转子的间隙调整,防止铁芯的平面摩擦。运行中如出现过热、振动、杂音及严重漏油等异常时,应安排停运检修	1	现场检查确认油泵运行情况				
12.7	防止变压器火灾事故	6					
12.7.1	按照有关规定完善变压器的消防设施,并加强维护管理,重点防止变压器着火时的事故扩大	1	现场检查变压器区域消防设备配备及检查情况				
12.7.2	采用排油注氮保护装置的变压器应采用具有联动功能的双浮球结构的气体继电器	1	检查采用排油注氮保护装置的变压器是否采用具有联动功能的双浮球结构的气体继电器				
12.7.3	排油注氮保护装置应满足: (1)排油注氮启动(触发)功率应大于220V×5A(DC)。 (2)注油阀动作线圈功率应大于220V×6A(DC)。 (3)注氮阀与排油阀间应设有机械联锁阀门。 (4)动作逻辑关系应满足本体重瓦斯保护、主变压器断路器跳闸、油箱超压开关(火灾探测器)同时动作时才能启动排油充氮保护	1	检查排油注氮保护装置是否满足上述要求				
12.7.4	水喷淋动作功率应大于8W,其动作逻辑关系应满足变压器超温保护与变压器断路器开关跳闸同时动作	1	现场水喷淋装置调试记录				
12.7.5	变压器本体储油柜与气体继电器间应增设断流阀门,以防储油柜中的油下泄而造成火灾扩大	1	现场检查变压器储油柜与气体继电器间是否设有断流阀门				
12.7.6	现场进行变压器干燥时,应做好防火措施,防止加热系统故障或线圈过热烧损	1	检查变压器安装作业文件				
12.8	防止互感器事故	38					
12.8.1	防止各类油浸式互感器事故	23					

编号	条文规定	小项	检查内容	是否符合	评价	检查人	备注
12.8.1.1	油浸式互感器应选用带金属膨胀器微正压结构形式	1	检查油浸式互感器是否选用带金属膨胀器微正压结构形式				
12.8.1.2	所选用电流互感器的动热稳定性能应满足安装地点系统短路容量的要求，一次绕组串联时也应满足安装地点系统短路容量的要求	1	检查电流互感器设备设计选型计算书				
12.8.1.3	电容式电压互感器的中间变压器高压侧不应装设金属氧化物避雷器（MOA）	1	检查出厂资料，电容式电压互感器中间变压器高压侧是否装设 MOA				
12.8.1.4	110（66）～500kV 互感器在出厂试验时，局部放电试验的测量时间延长到 5min	1	检查互感器出厂试验报告是否满足要求				
12.8.1.5	对电容式电压互感器应要求制造厂在出厂时进行 $0.8U_n$、$1.0U_n$、$1.2U_n$ 及 $1.5U_n$ 的铁磁谐振试验（注：U_n 指额定一次相电压，下同）	1	检查互感器出厂试验报告是否满足要求				
12.8.1.6	电磁式电压互感器在交接试验时，应进行空载电流测量。励磁特性的拐点电压应大于 $1.5U_m/\sqrt{3}$（中性点有效接地系统）或 $1.9U_m/\sqrt{3}$（中性点非有效接地系统）	1	检查交接试验报告，电磁式电压互感器励磁特性是否满足要求				
12.8.1.7	电流互感器的一次端子所受的机械力不应超过制造厂规定的允许值，其电气连接应接触良好，防止产生过热故障及电位悬浮。互感器的二次引线端子应有防转动措施，防止外部操作造成内部引线扭断	1	检查安装记录				
		2	检查互感器二次引线端子是否有防转动措施				
12.8.1.8	已安装完成的互感器若长期未带电运行（110kV 及以上大于半年，35kV 及以下一年以上），在投运前应按照《输变电设备状态检修试验规程》（DL/T 393—2010）进行例行试验	1	检查是否按要求进行相关试验				
12.8.1.9	在交接试验时，对 110kV（66kV）及以上电压等级的油浸式电流互感器，应逐台进行交流耐受电压试验，交流耐压试验前后应进行油中溶解气体分析。油浸式设备在交流耐压试验前要保证静置时间：110kV（66kV）设备静置时间不小于 24h，220kV 设备静置时间不小于 48h，330kV 和 500kV 设备静置时间不小于 72h	1	检查油浸式电流互感器交流耐压试验报告				
		2	检查油浸式电流互感器油中气体分析报告及试验方案				

编号	条文规定	小项	检查内容	是否符合	评价	检查人	备注
12.8.1.10	对于 220kV 及以上等级的电容式电压互感器，其耦合电容器部分是分成多节的，安装时必须按照出厂时的编号以及上下顺序进行安装，严禁互换	1	检查安装报告				
12.8.1.11	电流互感器运输应严格遵照设备技术规范和制造厂要求，220kV 及以上电压等级互感器运输应在每台产品（或每辆运输车）上安装冲撞记录仪，设备运抵现场后应检查确认，记录数值超过 59 的，应经评估确认互感器是否需要返厂检查	1	检查电流互感器验收记录，冲撞记录仪次数是否满足要求				
12.8.1.12	电流互感器一次直阻出厂值和设计值无明显差异，交接时测试值与出厂值也应无明显差异，且相间应无明显差异	1	检查电流互感器出厂报告是否满足设计要求				
		2	检查电流互感器交接试验报告是否与出厂报告一致，且相间无明显差异				
12.8.1.15	互感器的一次端子引线连接端要保证接触良好，并有足够的接触面积，以防止产生过热性故障，一次接线端子的等电位连接必须牢固可靠，其接线端子之间必须有足够的安全距离，防止引线线夹造成一次绕组短路	1	检查安装记录				
12.8.1.17	对硅橡胶套管和加装硅橡胶伞裙的瓷套，应经常检查硅橡胶表面有无放电或老化、龟裂现象，如果有应及时处理	1	检查运行规程是否做出相关规定				
12.8.1.18	运行人员正常巡视应检查记录互感器油位情况。对运行中渗漏油的互感器，应根据情况限期处理，必要时进行油样分析；对于含水量异常的互感器要加强监视或进行油处理。油浸式互感器严重漏油及电容式电压互感器电容单元漏油的应立即停止运行	1	检查运行规程是否做出相关规定				
12.8.1.19	应及时处理或更换已确认存在严重缺陷的互感器。对怀疑存在缺陷的互感器，应缩短试验周期进行跟踪检查和分析查明原因；对于全密封型互感器，油中气体色谱分析仅 H_2 单项超过注意值时，应跟踪	1	检查互感器是否有严重缺陷				

编号	条文规定	小项	检查内容	是否符合	评价	检查人	备注
12.8.1.19	分析，注意其产气速率，并综合诊断：如产气速率增长较快，应加强监视；如监测数据稳定，则属非故障性氢超标，可安排脱气处理；当发现油中有乙炔时，按相关标准规定执行。对绝缘状况有怀疑的互感器应运回试验室进行全面的电气绝缘性能试验，包括局部放电试验	1	检查互感器是否有严重缺陷				
12.8.1.20	如运行中互感器的膨胀器异常伸长顶起上盖，应立即退出运行。当互感器出现异常响声时应退出运行。当电压互感器二次电压异常时，应迅速查明原因并及时处理	1	检查运行规程是否做出相关规定				
12.8.1.21	当采用电磁单元为电源测量电容式电压互感器的电容分压器 C_1 和 C_2 的电容量和介损时，必须严格按照制造厂说明书规定进行	1	检查交接试验报告是否满足要求				
12.8.1.23	严格按照《带电设备红外诊断应用规范》（DL/T 664—2008）的规定，开展互感器的精确红外测温工作：新建、改扩建或大修后的互感器，应在投运后不超过1个月内（但至少在24h以后）进行一次精确红外检测；220kV 及以上电压等级的互感器每年在夏季前后至少各进行一次精确红外检测；在高温大负荷运行期间，对 220kV 及以上电压等级互感器应增加红外检测次数；红外精确检测的测量数据和图像应归档保存	1	检查是否制定红外检测的相关规定				
12.8.1.24	加强电流互感器末屏接地检测、检修及运行维护管理。对结构不合理、截面偏小、强度不够的电流互感器末屏应进行改造；检修结束后应检查确认电流互感器末屏接地是否良好	1	检查电流互感器交接试验报告有关电流互感器末屏绝缘电阻、介质损耗的测试是否合格				
12.8.2	防止 110（66）～500kV 六氟化硫绝缘电流互感器事故	15					
12.8.2.1	应重视和规范气体绝缘的电流互感器的监造、验收工作	1	检查监造报告及验收记录				
12.8.2.2	如具有电容屏结构，其电容屏连接筒应要求采用强度足够的铸铝合金制造，以防止因材质偏软导致电容屏连接筒移位	1	检查产品说明书中电容屏连接筒材质是否满足要求				

编号	条文规定	小项	检查内容	是否符合	评价	检查人	备注
12.8.2.3	加强对绝缘支撑件的检验控制	1	检查绝缘支撑件检验报告				
12.8.2.4	出厂试验时各项试验包括局部放电试验和耐压试验必须逐台进行	1	检查电流互感器出厂试验是否逐台进行				
12.8.2.5	制造厂应采取有效措施，防止运输过程中内部构件震动移位。用户自行运输时应按制造厂规定执行	1	检查设备运输方案				
12.8.2.6	110kV 及以下互感器推荐直立安放运输，220kV 及以上互感器必须满足卧倒运输的要求。运输时110kV（66kV）产品每批次超过 10 台时，每车装 10g 振动子 2 个，低于 10 台时每车装 10g 振动子 1 个；220kV 产品每台安装 10g 振动子 1 个；330kV 及以上每台安装带时标的三维冲撞记录仪。到达目的地后检查振动记录装置的记录，若记录数值超过 10g 一次或 10g 振动子落下，则产品应返厂解体检查	1	检查互感器验收记录是否满足要求				
12.8.2.7	运输时所充气压应严格控制在允许的范围内	1	检查设备到货时充气气压是否满足要求				
12.8.2.8	进行安装时，密封检查合格后方可对互感器充六氟化硫气体至额定压力，静置 24h 后进行六氟化硫气体微水测量。气体密度表、继电器必须经校验合格	1	检查六氟化硫互感器安装记录				
		2	检查六氟化硫互感器微水测试报告及气体密度表、继电器校验报告				
12.8.2.9	气体绝缘的电流互感器安装后应进行现场老炼试验；老炼试验后进行耐压试验，试验电压为出厂试验值的 80%；条件具备且必要时还宜进行局部放电试验	1	检查互感器是否开展老炼试验和耐压试验				
12.8.2.11	若压力表偏出绿色正常压力区时，应引起注意，并及时按制造厂要求停电补充合格的六氟化硫新气。一般应停电补气，个别特殊情况需带电补气时，应在厂家指导下进行	1	现场检查压力是否满足要求				
12.8.2.12	补气较多时(表压小于 0.2MPa)，应进行工频耐压试验	1	检查互感器补气较多时是否进行工频耐压试验				
12.8.2.13	交接时六氟化硫气体含水量小于 250μL/L。运行中不应超过 500μL/L（换算至 20℃），若超标时应进行处理	1	检查交接试验报告，互感器微水含量是否满足要求				

续表

编号	条文规定	小项	检查内容	是否符合	评价	检查人	备注
12.8.2.14	设备故障跳闸后，应进行六氟化硫气体分解产物检测，以确定内部有无放电。避免带故障强送再次放电	1	检查互感器故障后是否进行六氟化硫气体分解产物检测				

16 防止 GIS、开关设备事故

编号	条文规定	小项	检查内容	是否符合	评价	检查人	备注
13	防止 GIS、开关设备事故	62					
13.1	防止 GIS（包括 HGIS）、六氟化硫断路器事故	32					
13.1.1	加强对 GIS、六氟化硫断路器的选型、订货、安装调试、验收及投运的全过程管理。应选择具有良好运行业绩和成熟制造经验生产厂家的产品	1	检查 GIS、六氟化硫断路器是否开展全过程管理				
13.1.2	新订货断路器应优先选用弹簧机构、液压机构（包括弹簧储能液压机构）	1	检查断路器是否为弹簧机构、液压机构				
13.1.3	GIS 在设计过程中应特别注意气室的划分，避免某处故障后劣化的六氟化硫气体造成 GIS 的其他带电部位的闪络，同时也应考虑检修维护的便捷性，保证最大气室气体量不超过 8h 的气体处理设备的处理能力	1	检查 GIS 气室划分是否符合要求				
13.1.4	GIS、六氟化硫断路器设备内部的绝缘操作杆、盆式绝缘子、支撑绝缘子等部件必须经过局部放电试验方可装配，要求在试验电压下单个绝缘件的局部放电量不大于 3pC	1	检查 GIS、六氟化硫断路器设备内部部件局部放电试验报告，试验结果是否合格				
13.1.5	断路器、隔离开关和接地开关出厂试验时应进行不少于 200 次的机械操作试验，以保证触头充分磨合；200 次操作完成后应彻底清洁壳体内部，再进行其他出厂试验	1	检查断路器、隔离开关和接地开关出厂试验报告是否符合要求				
13.1.6	（1）六氟化硫密度继电器与开关设备本体之间的连接方式应满足不拆卸校验密度继电器的要求。（2）密度继电器应装设在与断路器或 GIS 本体同一运行环境温度的位置，以保证其报警、闭锁接点正确动作。	1	现场检查六氟化硫密度继电器是否满足不拆卸校验				
		2	现场检查密度继电器安装位置是否满足要求				

编号	条文规定	小项	检查内容	是否符合	评价	检查人	备注
13.1.6	（3）220kV 及以上 GIS 分箱结构的断路器每相安装独立的密度继电器。	3	现场检查 220kV 及以上 GIS 分箱结构的断路器是否每相安装独立的密度继电器				
	（4）户外安装的密度继电器应设置防雨罩，密度继电器防雨箱罩，应能将表、控制电缆接线端子一起放入，防止指示表、控制电缆接线盒和充放气接口进水受潮	4	现场检查防雨罩安装是否满足要求				
13.1.7	为便于试验和检修，GIS 的母线避雷器和电压互感器、电缆进线间隔的避雷器、线路电压互感器应设置独立的隔离开关或隔离断口；架空进线的 GIS 线路间隔的避雷器和线路电压互感器宜采用外置结构	1	查电气主接线是否满足要求				
13.1.8	为防止机组并网断路器单相异常导通造成机组损伤，220kV 及以下电压等级的机组并网的断路器应采用三相机械连动式结构	1	检查 220kV 及以下电压等级的机组并网的断路器是否采用三相机械连动式结构				
13.1.9	机组并网断路器宜在并网断路器与机组侧隔离开关间装设带电显示装置，在并网操作时先合入并网断路器的母线侧隔离开关，确认装设的带电显示装置显示无电时方可合入并网断路器的机组/主变侧隔离开关	1	检查 GIS 是否装设带电显示装置				
13.1.10	用于低温（最低温度为−30℃及以下）、重污秽 e 级或沿海 d 级地区的 220kV 及以下电压等级 GIS，宜采用户内安装方式	1	检查 GIS 是否根据所在地区污秽等级、最低气温值、电压等级进行选型配置				
13.1.11	开关设备机构箱、汇控箱内应有完善的驱潮防潮装置，防止凝露造成二次设备损坏	1	现场检查开关设备机构箱、汇控箱内防潮加热装置是否正常				
13.1.12	室内或地下布置的 GIS、六氟化硫开关设备室，应配置相应的六氟化硫泄漏检测报警、强力通风及氧含量检测系统	1	现场检查是否满足要求				
13.1.13	GIS、罐式断路器及 500kV 及以上电压等级的柱式断路器现场安装过程中，必须采取有效的防尘措施，如移动防尘帐篷等，GIS 的孔、盖等打开时，必须使用防尘罩进行封盖。安装现场环境太差、尘土较多或相邻部分正在进行土建施工等情况下应停止安装	1	检查安装记录，是否按照《电气装置安装工程质量检验及评定规程》DL/T 5161（所有部分）要求安装				

编号	条文规定	小项	检查内容	是否符合	评价	检查人	备注
13.1.14	六氟化硫开关设备设备现场安装过程中，在进行抽真空处理时，应采用出口带有电磁阀的真空处理设备，且在使用前应检查电磁阀动作可靠，防止抽真空设备意外断电造成真空泵油倒灌进入设备内部，并且在真空处理结束后应检查抽真空管的滤芯是否有油渍。为防止真空度计水银倒灌进行设备中，禁止使用麦氏真空计	1	检查六氟化硫开关充气是否按照规定执行				
		2	检查是否采用麦氏真空计				
13.1.15	GIS 安装过程中必须对导体是否插接良好进行检查，特别对可调整的伸缩节及电缆连接处的导体连接情况应进行重点检查	1	检查安装记录				
13.1.16	严格按有关规定对新装 GIS、罐式断路器进行现场耐压试验，耐压试验过程中应进行局部放电检测，有条件时可对 GIS 设备进行现场冲击耐压试验。GIS 出厂试验、现场交接耐压试验中，如发现放电现象，不管是否为自恢复放电，均应解体或开盖检查、查找放电部位，对发现有绝缘损伤或有闪络痕迹的绝缘部件均应进行更换	1	检查是否进行耐压试验				
		2	检查耐压试验有放电现象时是否查找放电部位，并对有损伤的部件进行更换				
13.1.17	断路器安装后必须对其二次回路中的防跳继电器、非全相继电器进行传动，并保证在模拟手合于故障条件下断路器不会发生跳跃现象	1	检查调试报告是否对断路器二次回路中的防跳继电器、非全相继电器进行传动				
13.1.18	加强断路器合闸电阻的检测和试验，防止断路器合闸电阻缺陷引发故障。在断路器产品出厂试验、交接试验及例行试验中，应对断路器主触头与合闸电阻触头的时间配合关系进行测试，有条件时应测量合闸电阻的阻值	1	检查出厂试验报告、交接试验报告，断路器主触头与合闸电阻触头的时间配合关系是否符合产品技术要求				
		2	检查断路器合闸电阻的是否满足产品技术要求				
13.1.19	六氟化硫气体必须经六氟化硫气体质量监督管理中心抽检合格，并出具检测报告后方可使用	1	检查六氟化硫气体检测报告，是否符合要求				
13.1.20	六氟化硫气体注入设备后必须进行湿度试验，且应对设备内气体进行六氟化硫纯度检测，必要时进行气体成分分析	1	检查六氟化硫气体是否开展湿度及纯度测试				

编号	条文规定	小项	检查内容	是否符合	评价	检查人	备注
13.1.23	当断路器液压机构突然失压时应申请停电处理。在设备停电前，严禁人为启动油泵，防止断路器慢分	1	检查液压机构断路器是否有防失压慢分功能				
13.1.24	对气动机构应加装汽水分离装置和自动排污装置，对液压机构应注意液压油油质的变化，必要时应及时滤油或换油	1	现场检查气动机构有无汽水分离装置和自动排污装置。气动机构有无定期放水制度				
13.1.25	加强开关设备外绝缘的清扫或采取相应的防污闪措施，当并网断路器断口外绝缘积雪、严重积污时不得进行启机并网操作	1	检查运行规程中有无相关规定				
13.1.27	弹簧机构断路器应定期进行机械特性试验，测试其行程曲线是否符合厂家标准曲线要求	1	检查弹簧机构断路器是否开展械特性试验				
13.1.29	加强断路器操动机构的检查维护，保证机构箱密封良好，防雨、防尘、通风、防潮等性能良好，并保持内部干燥清洁	1	现场检查机构箱内部是否丁燥清洁				
13.1.30	加强辅助开关的检查维护，防止由于接点腐蚀、松动变位、转换不灵活、切换不可靠等原因造成开关设备拒绝动作	1	检查辅助开关维护记录				
13.2	防止敞开式隔离开关、接地开关事故	12					
13.2.1	220kV 及以上电压等级隔离开关和接地开关在制造厂必须进行全面组装，调整好各部件的尺寸，并做好相应的标记	1	检查监造记录				
13.2.2	隔离开关与其所配装的接地开关间应配有可靠的机械闭锁，机械闭锁应有足够的强度	1	现场检查隔离开关与其所配装的接地开关间是否配有可靠的机械闭锁				
13.2.3	同一间隔内的多台隔离开关的电机电源，在端子箱内必须分别设置独立的开断设备	1	检查同一间隔内的多台隔离开关的电机电源是否独立				
13.2.4	应在隔离开关绝缘子金属法兰与瓷件的浇装部位涂以性能良好的防水密封胶	1	现场检查隔离开关绝缘子金属法兰与瓷件的浇装部位是否涂以性能良好的硅类防水密封胶				
13.2.5	新安装或检修后的隔离开关必须进行导电回路电阻测试	1	检查交接试验报告有无导电回路电阻测试，结果是否合格				
13.2.6	新安装的隔离开关手动操作力矩应满足相关技术要求	1	检查隔离开关操作力矩是否满足要求				

编号	条文规定	小项	检查内容	是否符合	评价	检查人	备注
13.2.7	加强对隔离开关导电部分、转动部分、操动机构、瓷绝缘子等的检查，防止机械卡涩、触头过热、绝缘子断裂等故障的发生。隔离开关各运动部位用润滑脂宜采用性能良好的二硫化钼锂基润滑脂	1	检查隔离开关安装记录				
13.2.8	为预防 GW6 型等类似结构的隔离开关运行中"自动脱落分闸"，在检修中应检查操动机构蜗轮、蜗杆的啮合情况，确认没有倒转现象；检查并确认刀闸主拐臂调整应过死点；检查平衡弹簧的张力应合适	1	检查安装记录				
13.2.9	在运行巡视时，应注意隔离开关、母线支柱绝缘子瓷件及法兰无裂纹，夜间巡视时应注意瓷件无异常电晕现象	1	检查运行规程是否有相关要求				
13.2.10	隔离开关倒闸操作，应尽量采用电动操作，并远离隔离开关，操作过程中应严格监视隔离开关动作情况，如发现卡滞应停止操作并进行处理，严禁强行操作	1	检查运行倒闸操作管理文件				
13.2.11	定期用红外测温设备检查隔离开关设备的接头、导电部分，特别是在重负荷或高温期间，加强对运行设备温升的监视，发现问题应及时采取措施	1	检查是否有隔离开关红外测温规定				
13.2.12	对新安装的隔离开关，隔离开关的中间法兰和根部进行无损探伤；对运行 10 年以上的隔离开关，每 5 年对隔离开关中间法兰和根部进行无损探伤	1	检查隔离开关的中间法兰和根部是否进行无损探伤				
13.3	防止高压开关柜事故	18					
13.3.1	高压开关柜应优先选择 LSC2 类（具备运行连续性功能）、"五防"功能完备的产品，其外绝缘应满足以下条件： （1）空气绝缘净距离：≥125mm（对 12kV），≥300mm（对 40.5kV）。 （2）爬电比距：≥18mm/kV（对瓷质绝缘），≥20mm/kV（对有机绝缘）。 如采用热缩套包裹导体结构，则该部位必须满足上述空气绝缘净距离要求；如高压开关柜采用复合绝缘或固体绝缘封装等可靠技术，可适当降低其绝缘距离要求	1	检查高压开关柜类型、功能、绝缘距离是否满足上述要求				

编号	条文规定	小项	检查内容	是否符合	评价	检查人	备注
13.3.2	高压开关柜应选用 IAC 级（内部故障级别）产品，制造厂应提供相应型式试验报告（报告中附试验试品照片）。选用高压开关柜时应确认其母线室、断路器室、电缆室相互独立，且均通过相应内部燃弧试验，内部故障电弧允许持续时间应不小于 0.5s，试验电流为额定短时耐受电流，对于额定短路开断电流 31.5kA 以上产品可按照 31.5kA 进行内部故障电弧试验。封闭式高压开关柜必须设置压力释放通道	1	检查制造厂是否能提供高压开关柜型式试验报告				
		2	检查封闭式高压开关柜是否设置压力释放通道				
13.3.3	高压开关柜内避雷器、电压互感器等柜内设备应经隔离开关（或隔离手车）与母线相连，严禁与母线直接连接；高压开关柜前面板模拟显示图必须与其内部接线一致，开关柜可触及隔室、不可触及隔室、活门和机构等关键部位在出厂时应设置明显的安全警告、警示标识；高压开关柜内隔离金属活门应可靠接地，活门机构应选用可独立锁止的结构，可靠防止检修时人员失误打开活门	1	检查高压开关柜内避雷器、电压互感器与母线连接是否符合要求				
		2	检查高压开关柜前面板模拟显示图是否与其内部接线一致，安全警告、警示标识是否完备				
		3	检查高压开关柜内隔离金属活门是否选用独立锁止结构				
13.3.4	高压开关柜内的绝缘件（如绝缘子、套管、隔板和触头罩等）应采用阻燃绝缘材料	1	检查高压开关柜中的绝缘件是否采用阻燃性绝缘材料（如环氧或 SMC 材料）				
13.3.5	应在高压开关柜配电室配置通风、除湿防潮设备，防止凝露导致绝缘事故	1	检查高压开关柜配电室是否配置通风、除湿防潮设备，投入是否正常				
13.3.6	高压开关柜中所有绝缘件装配前均应进行局放检测，单个绝缘件局部放电量不大于 3pC	1	检查高压开关柜内部部件局部放电试验报告，试验结果是否合格				
13.3.7	基建中高压开关柜在安装后应对其一、二次电缆进线处采取有效封堵措施	1	检查高压开关柜内一、二次电缆进线处是否采取有效封堵措施				
13.3.8	为防止高压开关柜火灾蔓延，在开关柜的柜间、母线室之间及与本柜其他功能隔室之间应采取有效的封堵隔离措施	1	现场检查高压开关柜的柜间、母线室之间及与本柜其他功能隔室之间是否采取有效的封堵隔离措施				
		2	检查是否加强柜内二次线的防护（二次线宜由阻燃型软管或金属软管包裹）防止二次线损伤				

编号	条文规定	小项	检查内容	是否符合	评价	检查人	备注
13.3.9	高压开关柜应检查泄压通道或压力释放装置,确保与设计图纸保持一致	1	检查高压开关柜泄压通道或压力释放装置,是否与设计图纸保持一致				
13.3.10	手车开关每次推入高压开关柜内后,应保证手车到位和隔离插头接触良好	1	检查运行操作票中是否有此项要求				
13.3.12	加强开展高压开关柜温度检测,对温度异常的开关柜强化监测、分析和处理,防止导电回路过热引发的柜内短路故障	1	检查运行规程是否有红外线测温仪检查高压开关柜的要求				
13.3.13	加强带电显示闭锁装置的运行维护,保证其与柜门间强制闭锁的运行可靠性。防误操作闭锁装置或带电显示装置失灵应作为严重缺陷尽快予以消除	1	检查防误操作闭锁装置、带电显示闭锁装置运行是否正常				
		2	检查防误操作闭锁装置、带电显示闭锁装置的调试记录				
13.3.14	加强高压开关柜巡视检查和状态评估,对操作频繁的高压开关柜要适当缩短巡检和维护周期	1	检查运行巡检记录中是否有高压开关柜巡视检查。对操作频繁的高压开关柜是否有重点巡查和重点维护记录				

17 防止接地网和过电压事故

编号	条文规定	小项	检查内容	是否符合	评价	检查人	备注
14	防止接地网和过电压事故	29					
14.1	防止接地网事故	15					
14.1.1	在输变电工程设计中,应认真吸取接地网事故教训,并按照相关规程规定的要求,改进和完善接地网设计	1	检查接地网设计是否符合规程要求				
14.1.2	对于110kV(66kV)及以上新建、改建变电站,在中性或酸性土壤地区,接地装置选用热镀锌钢为宜;在强碱性土壤地区或者其站址土壤和地下水条件会引起钢质材料严重腐蚀的中性土壤地区,宜采用铜质、铜覆钢(铜层厚度不小于0.8mm)或者其他具有防腐性能材质的接地网。对于室内变电站及地下变电站应采用铜质材料的接地网,铜材料间或铜材料与其他金属间的连接,须采用放热焊接,不得采用电弧焊接或压接	1	检查接地装置材质选用是否符合上述要求				
		2	检查铜材料间或铜材料与其他金属间的连接是否采用放热焊接				
14.1.3	在新建工程设计中,校验接地引下线热稳定所用电流应不小于远期可能出现的最大值,有条件地区可按照断路器额定开断电流考核;接地装置接地体的截面积不小于连接至该接地装置接地引下线截面积的75%,并提出接地装置的热稳定容量计算报告	1	检查各电压等级接地装置、引下线的截面积,是否按照要求进行热稳定校验				
		2	检查接地装置接地体的截面积是否不小于连接至该接地装置接地引下线截面积的75%				
14.1.4	在扩建工程设计中,除应满足14.1.3中新建工程接地装置的热稳定容量要求以外,还应对前期已投运的接地装置进行热稳定容量校核,不满足要求的必须进行改造	1	检查扩建工程中是否有对前期已投运的接地装置进行热稳定容量校核				
14.1.5	变压器中性点应有两根与接地网主网格的不同边连接的接地引下线,并且每根接地引下线均应符合热稳定校核的要求。主设备及设备架构等宜有两根与主接地网不	1	现场检查变压器中性点接地引下线是否有两根与接地网主网格的不同边连接,检查每根接地引下线截面是否满足要求				

编号	条文规定	小项	检查内容	是否符合	评价	检查人	备注
14.1.5	同干线连接的接地引下线，并且每根接地引下线均应符合热稳定校核的要求。连接引线应便于定期进行检查测试	2	现场检查主设备及设备架构等是否有两根与主接地网不同干线连接的接地引下线，检查每根接地引下线的截面是否满足要求				
14.1.6	施工单位应严格按照设计要求进行施工，预留设备、设施的接地引下线必须经确认合格，隐蔽工程必须经监理单位和建设单位验收合格，在此基础上方可回填土。同时，应分别对两个最近的接地引下线之间测量其回路电阻，测试结果是交接验收资料的必备内容，竣工时应全部交甲方备存	1	检查接地网施工隐蔽工程验收单				
		2	检查接地引下线回路电阻测试报告				
14.1.7	接地装置的焊接质量必须符合有关规定要求，各设备与主接地网的连接必须可靠，扩建接地网与原接地网间应为多点连接。接地线与接地极的连接应用焊接；接地线与电气设备的连接可用螺栓或者焊接，用螺栓连接时应设防松螺帽或防松垫片	1	检查接地装置的连接方式是否符合上述要求				
		2	检查接地装置的焊接质量或连接质量是否符合要求				
14.1.8	对于高土壤电阻率地区的接地网，在接地阻抗难以满足要求时，应采用完善的均压及隔离措施，防止人身及设备事故，方可投入运行。对弱电设备应有完善的隔离或限压措施，防止接地故障时地电位的升高造成设备损坏	1	检查高土壤电阻率地区的接地网，是否采用完善的均压及隔离措施				
		2	检查弱电设备是否有完善的隔离和限压措施				
14.1.9	变电站控制室及保护小室应独立敷设与主接地网紧密连接的二次等电位接地网，在系统发生近区故障和雷击事故时，以降低二次设备间电位差，减少对二次回路的干扰	1	现场检查变电站控制室及保护小室是否独立敷设与主接地网紧密连接的二次等电位接地网				
14.2	防止雷电过电压事故	4					
14.2.1	设计阶段应因地制宜开展防雷设计，除地闪密度小于 0.78 次/（km^2·年）的雷区外，220kV 及以上线路一般应全线架设双地线，110kV 线路应全线架设地线	1	检查防雷设计报告及图纸是否按要求设计				

编号	条文规定	小项	检查内容	是否符合	评价	检查人	备注
14.2.2	对符合以下条件之一的敞开式变电站应在 110～220kV 进出线间隔入口处加装金属氧化物避雷器： （1）变电站所在地区年平均雷暴日不小于 50 日或者近 3 年雷电监测系统记录的平均落雷密度不小于 3.5 次/（km²·年）。 （2）变电站 110～220kV 进出线路走廊在距变电站 15km 范围内穿越雷电活动频繁（平均雷暴日数不小于 40 日或近 3 年雷电监测系统记录的平均落雷密度大于或等于 2.8 次/（km²·年）的丘陵或山区。 （3）变电站已发生过雷电波侵入造成断路器等设备损坏。 （4）经常处于热备用运行的线路	1	检查敞开式变电站进出线间隔是否按上述要求加装金属氧化物避雷器				
14.2.5	严禁利用避雷针、变电站构架和带避雷线的杆塔作为低压线、通信线、广播线、电视天线的支柱	1	检查是否利用避雷针、变电站构架和带避雷线的杆塔作为低压线、通信线、广播线、电视天线的支柱				
14.2.6	在土壤电阻率较高地段的杆塔，可采用增加垂直接地体、加长接地带、改变接地形式、换土或采用接地模块等措施降低杆塔接地电阻值	1	检查高土壤电阻率地区的塔干是否采用增加垂直接地体、加长接地带、改变接地形式、换土或采用接地模块等措施降低杆塔接地电阻值				
14.3	防止变压器过电压事故	4					
14.3.1	切合 110kV 及以上有效接地系统中性点不接地的空载变压器时，应先将该变压器中性点临时接地	1	检查运行规程、运行操作票是否符合要求				
14.3.2	为防止在有效接地系统中出现孤立不接地系统并产生较高工频过电压的异常运行工况，110～220kV 不接地变压器的中性点过电压保护应采用棒间隙保护方式。对于 110kV 变压器，当中性点绝缘的冲击耐受电压不大于 185kV 时，还应在间隙旁并联金属氧化物避雷器，间隙距离及避雷器参数配合应进行校核；间隙动作后，应检查间隙的烧损情况并校核间隙距离	1	检查 110～220kV 不接地变压器的中性点过电压保护是否采用棒间隙保护方式				
		2	检查 110kV 变压器试验报告确定中性点绝缘的冲击耐受电压是否大于 185kV，检查间隙旁是否并联金属氧化物避雷器，检查间隙距离及与避雷器参数配合的校核报告				
14.3.3	对于低压侧有空载运行或者带短母线运行可能的变压器，宜在变压器低压侧装设避雷器进行保护	1	检查一次系统图纸，确定各变压器低压侧是否有空载运行或者带短母线运行可能性				
14.4	防止谐振过电压事故	2					

编号	条文规定	小项	检查内容	是否符合	评价	检查人	备注
14.4.1	为防止 110kV 及以上电压等级断路器断口均压电容与母线电磁式电压互感器发生谐振过电压,可通过改变运行和操作方式避免形成谐振过电压条件。新建或改造敞开式变电站应选用电容式电压互感器	1	检查 110kV 及以上系统断路器的设计报告、出厂报告、交接报告。 　　(1) 采用带有均压电容的断路器开断连接有电磁式电压互感器的空载母线,经验算有可能产生铁磁谐振过电压时,是否改选用电容式电压互感器。 　　(2) 若已装有电磁式电压互感器时,检查运行规程中是否有避免可能引起谐振的操作方式,按操作规程、方案、操作票的顺序和要求进行操作。 　　(3) 必要时可装设专门消除此类铁磁谐振的装置				
14.4.2	为防止中性点非直接接地系统发生由于电磁式电压互感器饱和产生的铁磁谐振过电压,可采取以下措施: 　　(1) 选用励磁特性饱和点较高的,在 $1.9U_m/\sqrt{3}$ 电压下,铁芯磁通不饱和的电压互感器。 　　(2) 在电压互感器(包括系统中的用户站)一次绕组中性点对地间串接线性或非线性消谐电阻、加零序电压互感器或在开口三角绕组加阻尼或其他专门消除此类谐振的装置。 　　(3) 10kV 及以下用户电压互感器一次中性点应不接地	1	检查中性点非直接接地系统中电压互感器的设备型号、参数是否为电磁式电压互感器。若是电磁式电压互感器,有无防止铁磁谐振过电压的措施				
14.5	防止弧光接地过电压事故	2					
14.5.3	对于自动调谐消弧线圈,在订购前应向制造厂索取能说明该产品可以根据系统电容电流自动进行调谐的试验报告。自动调谐消弧线圈投入运行后,应根据实际测量的系统电容电流对其自动调谐功能的准确性进行校核	1	检查自动调谐消弧线圈根据系统电容电流自动进行调谐的试验报告、自动调谐功能的准确性校核报告				
14.5.4	不接地和谐振接地系统发生单相接地时,应采取有效措施尽快消除故障,降低发生弧光接地过电压的风险	1	检查缺陷管理系统中是否有不接地和谐振接地系统发生单相接地缺陷及消除情况				
14.6	防止无间隙金属氧化物避雷器事故	2					

编号	条文规定	小项	检查内容	是否符合	评价	检查人	备注
14.6.3	110kV 及以上电压等级避雷器应安装交流泄漏电流在线监测表计。对已安装在线监测表计的避雷器，有人值班的变电站每天至少巡视一次，每半月记录一次，并加强数据分析；无人值班变电站可结合设备巡视周期进行巡视并记录，强雷雨天气后应进行特巡	1	检查是否有避雷器巡视记录、特殊天气后巡视记录，记录内容是否完整				
		2	现场检查 110kV 及以上电压等级避雷器是否安装交流泄漏电流在线监测表计				

18 防止污闪事故

编号	条文规定	小项	检查内容	是否符合	评价	检查人	备注
16	防止污闪事故	14					
16.1	新建和扩建输变电设备应依据最新版污区分布图进行外绝缘配置。中重污区的外绝缘配置宜采用硅橡胶类防污闪产品，包括线路复合绝缘子、支柱复合绝缘子、复合套管、瓷绝缘子（含悬式绝缘子、支柱绝缘子及套管）和玻璃绝缘子表面喷涂防污闪涂料等。选站时应避让 d、e 级污区；如不能避让，变电站（含升压站）宜采用 GIS、HGIS 设备或全户内变电站	1	检查新建和扩建输变电设备外绝缘配置设计报告，结合最新版污区分布图，确定设备外绝缘配置是否合格				
16.2	污秽严重的覆冰地区外绝缘设计应采用加强绝缘、V 形串、不同盘径绝缘子组合等形式，通过增加绝缘子串长、阻碍冰棱桥接及改善融冰状况下导电水帘形成条件，防止冰闪事故	1	检查污秽严重的覆冰地区是否采用加强绝缘、V 形串、不同盘径绝缘子组合等形式				
16.3	中性点不接地系统的设备外绝缘配置至少应比中性点接地系统配置高一级，直至达到 e 级污秽等级的配置要求	1	检查中性点不接地系统的设备外绝缘配置设计报告是否符合要求				
16.4	加强绝缘子全过程管理，全面规范绝缘子选型、招标、监造、验收及安装等环节，确保使用伞形合理、运行经验成熟、质量稳定的绝缘子	1	检查现场是否加强对绝缘子开展全过程管理				
16.6	外绝缘配置不满足污区分布图要求及防覆冰（雪）闪络、大（暴）雨闪络要求的输变电设备应予以改造，中重污区的防污闪改造应优先采用硅橡胶类防污闪产品	1	检查外绝缘配置是否适合设备所处的污区				
16.7	应避免局部防污闪漏洞或防污闪死角，如具有多种绝缘配置的线路中相对薄弱的区段，配置薄弱的耐张绝缘子，输电、变电结合部等	1	检查输变电设备绝缘配置设计报告，现场检查是否具有多种绝缘配置的线路中相对薄弱的区段				

编号	条文规定	小项	检查内容	是否符合	评价	检查人	备注
16.9	加强零值、低值瓷绝缘子的检测，及时更换自爆玻璃绝缘子及零值、低值瓷绝缘子	1	检查零值、低值瓷绝缘子测试报告				
16.10	防污闪涂料与防污闪辅助伞裙	5					
16.10.1	绝缘子表面涂覆防污闪涂料和加装防污闪辅助伞裙是防止变电设备污闪的重要措施，其中避雷器不宜单独加装辅助伞裙，宜将防污闪辅助伞裙与防污闪涂料结合使用；隔离开关动触头支持绝缘子和操作绝缘子使用防污闪。辅助伞裙时要根据绝缘子尺寸和间距选择合适的辅助伞裙尺寸、数量及安装位置	1	现场检查防污闪措施是否符合要求				
16.10.2	宜优先选用加强 RTV-Ⅱ型防污闪涂料，防污闪辅助伞裙的材料性能与复合绝缘子的高温硫化硅橡胶一致	1	检查防污闪 RTV 涂料厂是否有企业标准和产品试验报告，并通过电力系统省局以上的鉴定				
		2	检查是否有防污闪 RTV 涂料的基本技术要求、产品验收、施工要点、运行监视等各方面具体要求				
16.10.3	加强防污闪涂料和防污闪辅助伞裙的施工和验收环节，防污闪涂料宜采用喷涂施工工艺，防污闪辅助伞裙与相应的绝缘子伞裙尺寸应吻合良好	1	检查所选用辅助伞裙结构、材质、适用范围、施工要求、试验方法和运行维护等资料				
		2	检查是否有防污闪 RTV 涂料的基本技术要求、产品验收、施工要点、运行监视等各方面具体要求。注意保证涂层的厚度，不应出现漏涂缺斑。在施工结束时，应将伞裙间的涂料连丝去除干净				
16.11	户内绝缘子防污闪要求	2					
16.11.1	户内非密封设备外绝缘与户外设备外绝缘的防污闪配置级差不宜大于一级。应在设计、基建阶段考虑户内设备的防尘和除湿条件，确保设备运行环境良好	1	检查户内非密封设备外绝缘的防污闪配置资料				
		2	现场检查户内设备的防尘和除湿设施是否完备、可靠，检查是否有清扫的记录				

19 防止电力电缆损坏事故

编号	条文规定	小项	检查内容	是否符合	评价	检查人	备注
17	防止电力电缆损坏事故	39					
17.1	防止电力电缆绝缘击穿事故	24					
17.1.1	应根据线路输送容量、系统运行条件、电力电缆路径、敷设方式等合理选择电缆和附件结构形式	1	检查电力电缆及其附件的选型是否符合规程要求				
17.1.2	应避免电力电缆通道邻近热力管线、腐蚀性、易燃易爆介质的管道。确实不能避开时，应符合《电气装置安装工程　电缆线路施工及验收规范》（GB 50168—2018）中 5.2.3、5.4.4 等的要求	1	现场检查电力电缆通道是否符合规程的要求				
17.1.3	应加强对电力电缆和电缆附件选型、订货、验收及投运的全过程管理。应优先选择具有良好运行业绩和成熟制造经验的制造商	1	检查电力电缆和电缆附件等设计报告、制造厂提供的产品说明书、试验记录、合格证件及安装图纸等技术文件是否齐全				
17.1.4	同一受电端的双回或多回电缆线路宜选用不同制造商的电缆、附件。110（66）kV 及以上电压等级电缆的 GIS 终端和油浸终端宜选择插拔式	1	现场检查同一受电端的双回或多回电缆线路电缆、附件的制造商和合格证				
		2	检查 110（66）kV 及以上电压等级电缆的 GIS 终端和油浸终端是否选择插拔式				
17.1.5	10kV 及以上电力电缆应采用干法化学交联的生产工艺，110kV 及以上电力电缆应采用悬链或立塔式工艺	1	检查 10kV 及以上电力电缆是否采用干法化学交联的生产工艺，110kV 及以上电力电缆是否采用悬链或立塔式工艺				
17.1.6	运行在潮湿或浸水环境中的 110（66）kV 及以上电压等级的电力电缆应有纵向阻水功能，电缆附件应密封防潮；35kV 及以下电压等级电力电缆附件的密封防潮性能应能满足长期运行需要	1	检查电力电缆及电缆附件密封性能是否满足长期运行要求				
17.1.7	电力电缆主绝缘、单芯电力电缆的金属屏蔽层、金属护层应有可靠的过电压保护措施。统包型电力电缆的金属屏蔽层、金属护层应两端直接接地	1	检查电力电缆主绝缘、单芯电缆的金属屏蔽层、金属护层是否有可靠的过电压保护措施				
		2	检查统包型电力电缆的金属屏蔽层、金属护层是否两端直接接地				

编号	条文规定	小项	检查内容	是否符合	评价	检查人	备注
17.1.8	合理安排电力电缆段长，尽量减少电缆接头的数量，严禁在变电站电缆夹层、桥架和竖井等缆线密集区域布置电力电缆接头	1	检查变电站电缆夹层、桥架和竖井等缆线密集区域是否布置电力电缆接头				
17.1.9	对 220kV 及以上电压等级电力电缆、110（66）kV 及以下电压等级重要线路的电力电缆，应进行工厂验收	1	检查重要电力电缆的制造厂提供的产品说明书、试验记录、合格证件及安装图纸等技术文件				
		2	检查220kV 及以上电压等级电力电缆、110（66）kV 及以下电压等级重要线路的电力电缆，是否进行工厂验收，记录是否完整				
17.1.10	应严格进行到货验收，并开展到货检测	1	检查到货验收记录				
17.1.11	在电缆运输过程中，应防止电缆受到碰撞、挤压等导致的机械损伤，严禁倒放。电力电缆敷设过程中应严格控制牵引力、侧压力和弯曲半径	1	检查电力电缆到货验收、检测、试验记录，重点检查220kV 及以上电压等级电力电缆、110（66）kV 及以下电压等级重要线路的电力电缆的记录				
		2	现场检查电力电缆敷设弯曲半径是否符合规程要求				
17.1.12	施工期间应做好电力电缆和电缆附件的防潮、防尘、防外力损伤措施。在现场安装高压电力电缆附件之前，其组装部件应试装配。安装现场的温度、湿度和清洁度应符合安装工艺要求，严禁在雨、雾、风沙等有严重污染的环境中安装电力电缆附件	1	检查电力电缆安装记录				
17.1.13	应检测电力电缆金属护层接地电阻、端子接触电阻，必须满足设计要求和相关技术规范要求	1	检查电力电缆金属护层接地电阻、端子接触电阻试验报告是否符合要求				
17.1.14	金属护层采取交叉互联方式时，应逐相进行导通测试，确保连接方式正确。金属护层对地绝缘电阻应试验合格，过电压限制元件在安装前应检测合格	1	检查交叉互联方式的电力电缆金属护层是否逐相进行导通测试				
		2	检查金属护层对地绝缘电阻是否合格				
		3	检查过电压限制元件检测报告				

编号	条文规定	小项	检查内容	是否符合	评价	检查人	备注
17.1.15	运行部门应加强电力电缆线路负荷和温度的检（监）测，防止过负荷运行，多条并联的电力电缆应分别进行测量。巡视过程中应检测电力电缆附件、接地系统等关键接点的温度	1	检查运行规程是否做出相关规定				
17.1.16	严禁金属护层不接地运行。应严格按照运行规程巡检接地端子、过电压限制元件，发现问题应及时处理	1	检查电力电缆金属护层是否接地				
		2	检查运行规程是否做出相关规定				
17.1.17	66kV 及以上采用电缆进出线的GIS，宜预留电力电缆试验、故障测寻用的高压套管	1	现场检查是否满足要求				
17.1.18	66kV 及以上电力电缆穿越桥梁等振动较为频繁的区域时，应采用可缓冲机械应力的固定装置	1	现场检查 66kV 及以上电力电缆穿越桥梁等振动较为频繁的区域时，是否采用可缓冲机械应力的固定装置				
17.2	防止外力破坏和设施被盗	8					
17.2.1	同一负载的双路或多路电力电缆，不宜布置在相邻位置	1	现场检查同一负载的双路或多路电力电缆，是否布置在相邻位置				
17.2.2	电力电缆通道及直埋电缆线路工程、水底电缆应严格按照相关标准和设计要求施工，并同步进行竣工测绘，非开挖工艺的电力电缆通道应进行三维测绘。应在投运前向运行部门提交竣工资料和图纸	1	检查施工提供的产品说明书、试验记录、安装图纸、竣工测绘、三维测绘等技术文件和资料				
17.2.3	直埋电力电缆沿线、水底电力电缆应装设永久标识或路径感应标识	1	现场检查直埋电力电缆沿线、水底电力电缆是否装设永久标识或路径感应标识				
17.2.4	电力电缆终端场站、隧道出入口、重要区域的工井井盖应有安防措施，并宜加装在线监控装置。户外金属电缆支架、电缆固定金具等应使用防盗螺栓	1	现场检查是否满足要求				
17.2.5	电力电缆路径上应设立明显的警示标志，对可能发生外力破坏的区段应加强监视，并采取可靠的防护措施	1	现场检查电力电缆路径上是否设立明显的警示标志，检查是否重点监视外力破坏的区段的规定				
17.2.6	工井正方方的电力电缆，宜采取防止坠落物体打击的保护措施	1	现场检查工井正下方的电力电缆，是否采取防止坠落物体打击的保护措施				

编号	条文规定	小项	检查内容	是否符合	评价	检查人	备注
17.2.7	应监视电力电缆通道结构、周围土层和邻近建筑物等的稳定性，发现异常应及时采取防护措施	1	检查有无监视电缆通道结构、周围土层和邻近建筑物等的稳定性的规定和检查记录，有无发现异常应时采取防护措施的文件及规定				
17.2.8	敷设于公用通道中的电力电缆应制定专项管理措施	1	检查有无对敷设于公用通道中的电力电缆制定的专项管理措施（如：位于公共区域的工作井，安全孔井盖的设置宜使非专业人员难以启动等）				
17.3	防止单芯电力电缆金属护层绝缘故障	7					
17.3.1	电力电缆通道、夹层及管孔等应满足电缆弯曲半径的要求，110（66）kV及以上电缆的支架应满足电缆蛇形敷设的要求。电缆应严格按照设计要求进行敷设、固定	1	现场检查电力电缆是否按要求进行敷设、固定、弯曲半径是否满足要求				
17.3.2	电力电缆支架、固定金具、排管的机械强度应符合设计和长期安全运行的要求，且无尖锐棱角	1	检查制造厂提供的产品说明书、试验记录、合格证件及安装图纸等技术文件				
17.3.3	应对完整的金属护层接地系统进行交接试验，包括电力电缆外护套、同轴电缆、接地电缆、接地箱、互联箱等。交叉互联系统导体对地绝缘强度不应低于电力电缆外护套的绝缘水平	1	检查电力电缆金属护层接地系统交接试验报告				
17.3.4	应监视重载和重要电力电缆线路因运行温度变化产生的蠕变，出现异常应及时处理	1	检查电力电缆线路运行电流、温度不超过额定值				
17.3.5	应严格按照试验规程对电缆金属护层的接地系统开展运行状态检测、试验	1	检查电力电缆金属护层的接地系统试验报告				
17.3.6	应严格按试验规程的规定检测金属护层接地电流、接地线连接点温度，发现异常应及时处理	1	检查有无金属护层接地电流、接地线连接点温度定期检测的规定和记录				
17.3.7	电力电缆线路发生运行故障后，应检查接地系统是否受损，发现问题应及时修复	1	检查运行记录、缺陷管理系统中电力电缆线路发生运行故障后的处理记录				

20 防止继电保护事故

编号	条文规定	小项	检查内容	是否符合	评价	检查人	备注
18	防止继电保护事故	83					
18.1	在电气一次系统规划建设中,应充分考虑继电保护的适应性,避免出现特殊接线方式造成继电保护配置及整定难度的增加,为继电保护安全可靠运行创造良好条件	1	检查电气一次系统图,是否为特殊接线方式				
18.2	涉及电网安全、稳定运行的发电、输电、配电及重要用电设备的继电保护装置应纳入电网统一规划、设计、运行、管理和技术监督	1	检查涉网设备是否满足相关规定和调度要求				
18.3	继电保护装置的配置和选型,必须满足有关规程规定的要求,并经相关继电保护管理部门同意。保护选型应采用技术成熟、性能可靠、质量优良的产品	1	检查继电保护装置选型是否满足规程要求				
18.4	电力系统重要设备的继电保护应采用双重化配置。双重化配置的继电保护应满足以下基本要求:	12					
18.4.1	依照双重化原则配置的两套保护装置,每套保护均应含有完整的主保护、后备保护,能反应被保护设备的各种故障及异常状态,并能作用于跳闸或给出信号;宜采用主保护、后备保护一体的保护装置	1	检查两套保护装置是否满足上述要求				
18.4.2	330kV 及以上电压等级输变电设备的保护应按双重化配置;220kV 电压等级线路、变压器、高压电抗器、串联补偿装置、滤波器等设备微机保护应按双重化配置;除终端负荷变电站外,220kV 及以上电压等级变电站的母线保护应按双重化配置	1	检查220kV 及以上的设备保护是否双重化配置				
18.4.3	220kV 及以上电压等级线路纵联保护的通道(含光纤、微波、载波等通道及加工设备和供电电源等)、远方跳闸及就地判别装置应遵循相互独立的原则按双重化配置	1	检查220kV 及以上线路保护的通道、远方跳闸及就地判别装置是否独立配置				

编号	条文规定	小项	检查内容	是否符合	评价	检查人	备注
18.4.4	100MW 及以上容量发电机—变压器组应按双重化原则配置微机保护（非电量保护除外）；大型发电机组和重要发电厂的启动变压器保护宜采用双重化配置	1	检查 100MW 及以上容量发电机—变压器组是否按双重化原则配置微机保护				
18.4.5	两套保护装置的交流电流应分别取自电流互感器互相独立的绕组；交流电压宜分别取自电压互感器互相独立的绕组。两套保护装置保护范围应交叉重叠，避免死区	1	检查两套保护装置的交流电流是否分别取自电流互感器互相独立的绕组				
		2	检查两套保护装置的保护范围是否交叉重叠，避免死区				
18.4.6	两套保护装置的直流电源应取自不同蓄电池组供电的直流母线段	1	检查两套保护装置的直流电源是否取自不同蓄电池组供电的直流母线段				
18.4.7	有关断路器的选型应与保护双重化配置相适应，220kV 及以上断路器必须具备双跳闸线圈机构。两套保护装置的跳闸回路应与断路器的两个跳闸线圈分别一一对应	1	检查 220kV 及以上断路器是否具备双跳闸线圈机构				
		2	检查两套保护装置的跳闸回路是否与断路器的两个跳闸线圈一一对应				
18.4.8	双重化配置的两套保护装置之间不应有电气联系。双重化配置与其他保护、设备（如通道、失灵保护等）配合的回路应遵循相互独立且相互对应的原则，防止因交叉停用导致保护功能的缺失	1	检查两套保护装置之间是否有电气联系				
		2	检查两套保护装置与其他保护、设备配合的回路是否遵循相互独立且相互对应的原则				
18.4.9	采用双重化配置的两套保护装置应安装在各自保护柜内，并应充分考虑运行和检修时的安全性	1	检查两套保护装置是否安装在各自保护柜内				
18.6	继电保护设计与选型时须注意以下问题：	23					
18.6.1	继电保护装置直流空气开关、交流空气开关应与上一级开关及总路空气开关保持级差关系，防止由于下一级电源故障时，扩大失电元件范围	1	检查继电保护直流空气开关、交流空气开关是否与上一级开关及总路空气开关保持级差关系				
18.6.2	继电保护及相关设备的端子排，宜按照功能进行分区、分段布置，正、负电源之间、跳（合）闸引出线之间以及跳（合）闸引出线与正电源之间、交流电源与直流回路之间等应至少采用一个空端子隔开	1	检查继电保护及相关设备的端子排是否符合要求				

154

编号	条文规定	小项	检查内容	是否符合	评价	检查人	备注
18.6.3	应根据系统短路容量合理选择电流互感器的容量、变比和特性，满足继电保护装置整定配合和可靠性的要求。新建和扩建工程宜选用具有多次级的电流互感器，优先选用贯穿（倒置）式电流互感器	1	检查电流互感器选型是否满足规程要求				
18.6.4	差动保护用电流互感器的相关特性宜一致	1	检查差动保护用电流互感器型号及试验报告				
18.6.5	应充分考虑电流互感器二次绕组合理分配，对确实无法解决的保护动作死区，在满足系统稳定要求的前提下，可采取启动失灵和远方跳闸等后备措施加以解决	1	检查有动作死区的保护是否采取启动失灵和远方跳闸等后备措施				
18.6.6	双母线接线变电站的母差保护、断路器失灵保护，除跳母联、分段的支路外，应经复合电压闭锁	1	检查双母线接线的母差保护、断路器失灵保护是否经复合电压闭锁				
18.6.7	变压器、电抗器宜配置单套非电量保护，应同时作用于断路器的两个跳闸线圈。未采用就地跳闸方式的变压器非电量保护应设置独立的电源回路（包括直流空气小开关及其直流电源监视回路）和出口跳闸回路，且必须与电气量保护完全分开。当变压器、电抗器采用就地跳闸方式时，应向监控系统发送动作信号	1	检查非电量保护是否同时作用于断路器的两个跳闸线圈				
		2	检查非电量保护装置的电源是否与电气量保护的电源独立				
18.6.8	非电量保护及动作后不能随故障消失而立即返回的保护（只能靠手动复位或延时返回）不应启动失灵保护	1	检查非电量保护是否启动失灵保护				
18.6.10	线路纵联保护应优先采用光纤通道。双回线路采用同型号纵联保护，或线路纵联保护采用双重化配置时，在回路设计和调试过程中应采取有效措施防止保护通道交叉使用。分相电流差动保护应采用同一路由收发、往返延时一致的通道	1	检查线路纵联保护是否采用光纤通道				
		2	检查线路纵联保护通道是否交叉使用				
18.6.11	220kV 及以上电气模拟量必须接入故障录波器，发电厂发电机、变压器不仅录取各侧的电压、电流，还应录取公共绕组电流、中性点零序电流和中性点零序电压。所有保护出口信息、通道收发信情况及开关情况等变位信息应全部接入故障录波器	1	检查故障录波器接入量是否满足规程要求				

编号	条文规定	小项	检查内容	是否符合	评价	检查人	备注
18.6.13	220kV 及以上电压等级的线路保护应采取措施，防止由于零序功率方向元件的电压死区导致零序功率方向纵联保护拒动	1	检查保护装置说明书是否有相应措施				
18.6.14	发电厂升压站监控系统的电源、断路器控制回路及保护装置电源，应取自升压站配置的独立蓄电池组	1	检查升压站是否配置独立蓄电池组				
18.6.15	发电机—变压器组的阻抗保护须经电流元件（如电流突变量、负序电流等）启动，在发生电压二次回路失压、断线以及切换过程中交流或直流失压等异常情况时，阻抗保护应具有防止误动措施	1	检查保护装置说明书，阻抗保护是否有防误动措施				
18.6.16	200MW 及以上容量发电机定子接地保护宜将基波零序保护与三次谐波电压保护的出口分开，基波零序保护投跳闸	1	检查基波零序保护与三次谐波电压保护的出口是否独立				
18.6.17	采用零序电压原理的发电机匝间保护应设有负序方向闭锁元件	1	检查保护装置说明书，零序电压原理的发电机匝间保护是否设有负序方向闭锁元件				
18.6.18	并网电厂均应制定完备的发电机带励磁失步振荡故障的应急措施。200MW 及以上容量的发电机应配置失步保护，在进行发电机失步保护整定计算和校验工作时应能正确区分失步振荡中心所处的位置；在机组进入失步工况时根据不同工况选择不同延时的解列方式，并保证断路器断开时的电流不超过断路器允许开断电流	1	检查继电保护整定计算报告，相关保护是否满足要求				
18.6.19	发电机的失磁保护应使用能正确区分短路故障和失磁故障的、具备复合判据的方案。应仔细检查和校核发电机失磁保护的整定范围和低励磁限制特性，防止发电机进相运行时发生误动作	1	检查发电机继电保护整定计算报告				
		2	检查发电机失磁保护与低励磁限制参数是否配合				
18.6.20	300MW 及以上容量发电机应装设启、停机保护及断路器断口闪络保护	1	检查 300MW 及以上容量发电机是否装设启、停机保护及断路器断口闪络保护				
18.6.21	200MW 及以上容量发电机—变压器组应配置专用故障录波器	1	检查 200MW 及以上容量发电机—变压器组是否配置专用故障录波器				

编号	条文规定	小项	检查内容	是否符合	评价	检查人	备注
18.6.22	发电厂的辅机设备及其电源在外部系统发生故障时,应具有一定的抵御事故能力,以保证发电机在外部系统故障情况下的持续运行	1	检查重要辅机及电源是否具备低电压穿越能力				
18.7	继电保护二次回路应注意以下问题:	14					
18.7.1	装设静态型、微机型继电保护装置和收发信机的厂、站接地电阻应按《计算机场地通用规范》(GB/T 2887—2011)和《计算机场地安全要求》(GB 9361—2011)规定;上述设备的机箱应构成良好电磁屏蔽体,并有可靠的接地措施	1	检查接地电阻试验报告				
		2	现场检查接地情况				
18.7.2	电流互感器的二次绕组及回路,必须且只能有一个接地点。当差动保护的各组电流回路之间因没有电气联系而选择在开关场就地接地时,须考虑由于开关场发生接地短路故障,将不同接地点之间的地电位差引至保护装置后所带来的影响。来自同一电流互感器二次绕组的三相电流线及其中性线必须置于同一根二次电缆	1	检查电气二次图纸是否符合要求				
		2	现场检查是否符合要求				
18.7.3	公用电压互感器的二次回路只允许在控制室内有一点接地,为保证接地可靠,各电压互感器的中性线不得接有可能断开的开关或熔断器等。已在控制室一点接地的电压互感器二次线圈,宜在开关场将二次线圈中性点经放电间隙或氧化锌阀片接地,其击穿电压峰值应大于 $30 \cdot I_{max}$ V(I_{max} 为电网接地故障时通过变电站的可能最大接地电流有效值,单位为 kA)。应定期检查放电间隙或氧化锌阀片,防止造成电压二次回路多点接地的现象	1	检查放电间隙或氧化锌阀片试验报告				
		2	现场检查接地点位置				
18.7.4	来自同一电压互感器二次绕组的三相电压线及其中性线必须置于同一根二次电缆,不得与其他电缆共用。来自同一电压互感器三次绕组的两(或三)根引入线必须置于同一根二次电缆,不得与其他电缆共用。应特别注意:电压互感器三次绕组及其回路不得短路	1	检查电气二图纸是否符合要求				

编号	条文规定	小项	检查内容	是否符合	评价	检查人	备注
18.7.5	交流电流和交流电压回路、交流和直流回路、强电和弱电回路，均应使用各自独立的电缆	1	检查设计是否符合要求				
18.7.6	严格执行有关规程、规定及反事故措施，防止二次寄生回路的形成	1	检查调试报告是否有由于寄生回路造成的动作				
18.7.7	直接接入微机型继电保护装置的所有二次电缆均应使用屏蔽电缆，电缆屏蔽层应在电缆两端可靠接地。严禁使用缆内的空线替代屏蔽层接地	1	检查电缆屏蔽层是否可靠接地				
18.7.8	对经长电缆跳闸的回路，应采取防止长电缆分布电容影响和防止出口继电器误动的措施。在运行和检修中应严格执行有关规程、规定及反事故措施，严格防止交流电压、电流串入直流回路	1	检查出口继电器动作功率是否大于5W				
18.7.9	如果断路器只有一组跳闸线圈，失灵保护装置工作电源应与相对应的断路器操作电源取自不同的直流电源系统	1	检查只有一组跳闸线圈的断路器，失灵保护电源与断路器操作电源是否取自不同的直流电源系统				
18.7.10	主设备非电量保护应防水、防震、防油渗漏、密封性好。气体继电器至保护柜的电缆应尽量减少中间转接环节	1	现场非电量保护是否有防水、防震、防漏等措施				
18.7.11	保护室与通信室之间信号优先采用光缆传输。若使用电缆，应采用双绞双屏蔽电缆并可靠接地	1	检查是否采用光缆传输				
18.8	应采取有效措施防止空间磁场对二次电缆的干扰，应根据开关场和一次设备安装的实际情况，敷设与厂、站主接地网紧密连接的等电位接地网。等电位接地网应满足以下要求：	5					
18.8.1	应在主控室、保护室、敷设二次电缆的沟道、开关场的就地端子箱及保护用结合滤波器等处，使用截面面积不小于 $100mm^2$ 的裸铜排（缆）敷设与主接地网紧密连接的等电位接地网	1	检查是否符合条文要求				

编号	条文规定	小项	检查内容	是否符合	评价	检查人	备注
18.8.2	在主控室、保护室柜屏下层的电缆室（或电缆沟道）内，按柜屏布置的方向敷设 $100mm^2$ 的专用铜排（缆），将该专用铜排（缆）首末端连接，形成保护室内的等电位接地网。保护室内的等电位接地网与厂、站的主接地网只能存在唯一连接点，连接点位置宜选择在保护室外部电缆沟道的入口处。为保证连接可靠，连接线必须用至少4根以上、截面不小于 $50mm^2$ 的铜缆（排）构成共点接地	1	检查是否符合条文要求				
18.8.3	沿开关场二次电缆的沟道敷设截面不少于 $100mm^2$ 的铜排（缆），并在保护室（控制室）及开关场的就地端子箱处与主接地网紧密连接，保护室（控制室）的连接点宜设在室内等电位接地网与厂、站主接地网连接处	1	检查是否符合条文要求				
18.8.4	由开关场的变压器、断路器、隔离刀闸和电流、电压互感器等设备至开关场就地端子箱之间的二次电缆应经金属管从一次设备的接线盒（箱）引至电缆沟，并将金属管的上端与上述设备的底座和金属外壳良好焊接，下端就近与主接地网良好焊接。上述二次电缆的屏蔽层应在就地端子箱处单端使用截面不小于 $4mm^2$ 的多股铜质软导线可靠连接至等电位接地网的铜排上，在一次设备的接线盒（箱）处不接地	1	检查是否符合条文要求				
18.8.5	采用电力载波作为纵联保护通道时，应沿高频电缆敷设 $100mm^2$ 铜导线，在结合滤波器处，该铜导线与高频电缆屏蔽层相连且与结合滤波器一次接地引下线隔离，铜导线及结合滤波器二次的接地点应设在距结合滤波器一次接地引下线入地点 $3\sim5m$ 处；铜导线的另一端应与保护室的等电位地网可靠连接	1	检查是否符合条文要求				
18.9	新建、扩建、改建工程与验收工作中应注意的问题：	7					

编号	条文规定	小项	检查内容	是否符合	评价	检查人	备注
18.9.1	应从保证设计、调试和验收质量的要求出发，合理确定新建、扩建、技改工程工期。基建调试应严格按照规程规定执行，不得为赶工期减少调试项目，降低调试质量	1	检查调试是否严格按照规程规定执行				
18.9.2	新建、扩建、改建工程除完成各项规定的分步试验外，还必须进行所有保护整组检查，模拟故障检查保护压板的唯一对应关系，模拟闭锁触点动作或断开来检查其唯一对应关系，避免有任何寄生回路存在	1	检查出口传动方案的内容是否全面				
18.9.3	双重化配置的保护装置整组传动验收时，应采用同一时刻，模拟相同故障性质（故障类型相同，故障量相别、幅值、相位相同）的方法，对两套保护同时进行作用于两组跳闸线圈的试验	1	检查整组传动方案是否符合要求				
18.9.4	所有差动保护（线路、母线、变压器、电抗器、发电机等）在投入运行前，除应在能够保证互感器与测量仪表精度的负荷电流条件下，测定相回路和差回路外，还必须测量各中性线的不平衡电流、电压，以保证保护装置和二次回路接线的正确性	1	检查差动保护在投入运行前是否进行中性线的不平衡电流、电压的测量				
18.9.5	新建、扩建、改建工程的相关设备投入运行后，施工（或调试）单位应按照约定及时提供完整的一次、二次设备安装资料及调试报告，并应保证图纸与实际投入运行设备相符	1	检查移交资料是否齐全				
18.9.6	验收方应根据有关规程、规定及反事故措施要求制定详细的验收标准。新设备投产前应认真编写保护启动方案，做好事故预想，确保新投设备发生故障能可靠被切除	1	检查整套启动方案是否符合现场情况				
18.9.7	新建、扩建、改建工程中应同步建设或完善继电保护故障信息管理系统，并严格执行国家有关网络安全的相关规定	1	检查是否同步建设或完善继电保护故障信息管理系统				
18.10	继电保护定值与运行管理工作中应注意的问题：	18					

编号	条文规定	小项	检查内容	是否符合	评价	检查人	备注
18.10.1	依据电网结构和继电保护配置情况，按相关规定进行继电保护的整定计算。当灵敏性与选择性难以兼顾时，应首先考虑以保灵敏度为主，防止保护拒动，并备案报主管领导批准	1	检查是否有灵敏性与选择性难以兼顾的情况				
18.10.2	发电企业应按相关规定进行继电保护整定计算，并认真校核与系统保护的配合关系，加强对主设备及厂用系统的继电保护整定计算与管理工作，安排专人每年对所辖设备的整定值进行全面复算和校核，注意防止因厂用系统保护不正确动作，扩大事故范围	1	检查是否对继电保护整定计算报告进行审核				
18.10.3	大型发电机高频、低频保护整定计算时，应分别根据发电机在并网前、后的不同运行工况和制造厂提供的发电机性能、特性曲线，并结合电网要求进行整定计算	1	检查高、低频保护整定计算是否符合上述要求				
18.10.4	过激磁保护的启动元件、反时限和定时限应能分别整定，其返回系数不宜低于 0.96。整定计算应全面考虑主变压器及高压厂用变压器的过励磁能力，并与励磁调节器 V/Hz 限制特性相配合，按励磁调节器 V/Hz 限制首先动作、再由过激磁保护动作的原则进行整定和校核	1	检查过激磁保护整定计算是否符合要求				
		2	检查继电保护和励磁限制是否配合				
18.10.5	发电机负序电流保护应根据制造厂提供的负序电流暂态限值（A值）进行整定，并留有一定裕度。发电机保护启动失灵保护的零序或负序电流判别元件灵敏度应与发电机负序电流保护相配合	1	检查负序保护整定计算是否符合要求				
18.10.6	发电机励磁绕组过负荷保护应投入运行，且与励磁调节器过励磁限制相配合	1	检查过负荷保护是否投入运行				
		2	检查过负荷保护和过励磁限制是否配合				
18.10.7	严格执行工作票制度和二次工作安全措施票制度，规范现场安全措施，防止继电保护"三误"事故。相关专业人员在继电保护回路工作时，必须遵守继电保护的有关规定	1	检查是否有相关制度				

编号	条文规定	小项	检查内容	是否符合	评价	检查人	备注
18.10.8	微机型继电保护及安全自动装置的软件版本和结构配置文件修改、升级前，应对其书面说明材料及检测报告进行确认，并对原运行软件和结构配置文件进行备份。修改内容涉及测量原理、判据、动作逻辑或变动较大的，必须提交全面检测认证报告。继电保护软件及现场二次回路变更须经相关保护管理部门同意并及时修订相关的图纸资料	1	检查是否有相应记录				
18.10.9	加强继电保护装置运行维护工作。继电保护装置检验应保质保量，严禁超期和漏项，应特别加强对基建投产设备及新安装装置在一年内的全面校验，提高继电保护设备健康水平	1	检查继电保护装置检验项目是否齐全				
18.10.10	配置足够的继电保护装置备品、备件，缩短继电保护缺陷处理时间。微机继电保护装置的开关电源模件宜在运行 6 年后予以更换	1	检查继电保护装置是否备有足够的备件				
18.10.11	加强继电保护试验仪器、仪表的管理工作，每 1~2 年应对微机型继电保护试验装置进行一次全面检测，确保微机型继电保护试验装置的准确度及各项功能满足继电保护试验的要求，防止因试验仪器、仪表存在问题而造成继电保护误整定、误试验	1	检查安装、调试单位的仪器是否在有效期内				
18.10.12	继电保护专业和通信专业应密切配合，加强对纵联保护通道设备的检查，重点检查是否设定了不必要的收、发信环节的延时或展宽时间。注意校核继电保护通信设备（光纤、微波、载波）传输信号的可靠性和冗余度及通道传输时间，防止因通信问题引起保护不正确动作	1	检查传输通道的检测报告是否符合要求				
18.10.13	未配置双套母差保护的变电站，在母差保护停用期间应采取相应措施，严格限制母线侧隔离开关的倒闸操作，以保证系统安全	1	检查运行规程是否有规定				
18.10.14	针对电网运行工况，加强备用电源自动投入装置的管理，定期进行传动试验，保证事故状态下投入成功率	1	检查备用电源调试记录				

编号	条文规定	小项	检查内容	是否符合	评价	检查人	备注
18.10.15	在电压切换和电压闭锁回路，断路器失灵保护，母线差动保护，远跳、远切、联切回路以及"和电流"等接线方式有关的二次回路上工作时，以及 3/2 断路器接线等主设备检修而相邻断路器仍需运行时，应特别认真做好安全隔离措施	1	检查上述工作方案的安全隔离措施是否完善				
18.10.16	新投运或电流、电压回路发生变更的 220kV 及以上保护设备，在第一次经历区外故障后，宜通过打印保护装置和故障录波器报告的方式校核保护交流采样值、收发信开关量、功率方向以及差动保护差流值的正确性	1	检查第一次经历区外故障后是否对相关数据进行校核				

21 防止电力调度自动化系统、电力通信网及信息系统事故

编号	条文规定	小项	检查内容	是否符合	评价	检查人	备注
19	防止电力调度自动化系统、电力通信网及信息系统事故	129					
19.1	防止电力调度自动化系统事故	22					
19.1.1	调度自动化系统的主要设备应采用冗余配置，互为热备用，服务器的存储容量和中央处理器负载应满足相关规定要求	1	检查调度自动化设备是否冗余配置				
19.1.2	主网 500kV 及以上厂站、220kV枢纽变电站、大电源、电网薄弱点、风电等新能源接入站（风电接入汇集点）、通过 35kV 及以上电压等级线路并网且装机容量 40MW 及以上的风电场均应部署相量测量装置。相量测量装置的测量信息应能满足调度机构需求，并提供给厂站进行就地分析。相量测量装置与主站之间应采用调度数据网络进行信息交互	1	检查现场是否按要求配置相量测量装置				
		2	检查相量测量装置与主站之间是否采用调度数据网络进行信息交互				
19.1.3	调度自动化主站系统应采用专用的、冗余配置的不间断电源供电，不应与信息系统、通信系统合用电源，不间断电源涉及的各级低压开关过流保护定值整定应合理，交流供电电源应采用两路来自不同电源点供电；发电厂、变电站远动装置、计算机监控系统及其测控单元、变送器等自动化设备应采用冗余配置的不间断电源或站内直流电源供电。具备双电源模块的装置或计算机，两个电源模块应由不同电源供电，相关设备应加装防雷（强）电击装置，相关机柜及柜间电缆屏蔽层应可靠接地	1	检查上述装置电源是否满足要求				
		2	检查上述设备是否加装防雷装置				
19.1.4	厂站内的远动装置、相量测量装置、电能量终端、时间同步装置、计算机监控系统及其测控单元、变送器及安全防护设备等自动化设备（子站）必须是通过具有国家级检测资质的质检机构检验合格的产品	1	检查上述设备是否是通过具有国家级检测资质的质检机构检验合格的产品				

164

编号	条文规定	小项	检查内容	是否符合	评价	检查人	备注
19.1.5	调度范围内的发电厂、110kV及以上电压等级的变电站应采用开放、分层、分布式的计算机双网络结构，自动化设备通信模块应冗余配置，优先采用专用装置，无旋转部件，采用专用操作系统；至调度主站（含主调和备调）应具有两路不同路由的通信通道（主/备双通道）	1	检查上述设备是否符合要求				
19.1.6	在基建调试和启动阶段，生产单位技术监督部门应在启动前检查现场调度自动化设备安装验收情况，调度自动化设备有关的运行规程、操作手册、系统配置图纸等应完整正确并与现场实际接线相符，调度自动化系统主站、子站、调度数据网等二次系统（设备）必须提前进行调试，确保与一次设备同步投入运行	1	检查调度自动化设备是否随一次设备投入使用				
19.1.7	发电厂、变电站基（改、扩）建工程中调度自动化设备的设计、选型应符合调度自动化专业有关规程规定，并须经相关调度自动化管理部门同意。现场设备的信息采集、接口和传输规约必须满足调度自动化主站系统的要求	1	检查调度自动化设备的设计、选型是否符合规程要求				
19.1.9	发电厂自动发电控制和自动电压控制子站应具有可靠的技术措施，对接收到的所属调度自动化主站下发的自动发电控制指令和自动电压控制指令进行安全校核，对本地自动发电控制和自动电压控制系统的输出指令进行校验，拒绝执行明显影响电厂或电网安全的指令。除紧急情况外，未经调度许可不得擅自修改自动发电控制和自动电压控制系统的控制策略和相关参数。厂站自动发电控制和自动电压控制系统的控制策略更改后，需要对安全控制逻辑、闭锁策略、二次系统安全防护等方面进行全面测试验证，确保自动发电控制和自动电压控制系统在启动过程、系统维护、版本升级、切换、异常工况等过程中不发出或执行控制指令	1	检查AVC、AVR的调试记录				
		2	检查是否按照调度指令执行				

编号	条文规定	小项	检查内容	是否符合	评价	检查人	备注
19.1.10	调度自动化系统运行维护管理部门应结合本网实际情况，建立健全各项管理办法和规章制度，必须制定和完善调度自动化系统运行管理规程、调度自动化系统运行管理考核办法、机房安全管理制度、系统运行值班与交接班制度、系统运行维护制度、运行与维护岗位职责和工作标准等	1	检查调度自动化系统是否有相关制度				
19.1.11	应制定和落实调度自动化系统应急预案和故障恢复措施，系统和运行数据应定期备份	1	检查调度自动化系统是否有应急预案				
		2	检查数据是否定期备份				
19.1.12	按照有关规定的要求，结合一次设备检修或故障处理，定期对调度范围内厂站远动信息（含相量测量装置信息）进行测试。遥信传动试验应具有传动试验记录，遥测精度应满足相关规定要求。	1	检查是否对调度范围内厂站远动信息（含相量测量装置信息）进行测试				
		2	检查遥信传动试验记录				
19.1.13	调度端及厂站端电力二次系统安全防护满足《电力二次系统安全防护总体规定》（国家电力监管委员会令第5号）及配套方案，确保电力二次系统安全防护体系完整可靠，具有数据网络安全防护实施方案和网络安全隔离措施，分区合理、隔离措施完备、可靠	1	检查电力二次系统安全防护方案				
19.1.14	电力二次系统安全防护策略从边界防护逐步过渡到全过程安全防护，禁止选用经国家相关管理部门检测存在信息安全漏洞的设备，安全四级主要设备应满足电磁屏蔽的要求，全面形成具有纵深防御的安全防护体系	1	检查是否选用经国家相关管理部门检测存在信息安全漏洞的设备				
19.1.15	生产控制大区内部的系统配置应符合规定要求，硬件应满足要求；生产控制大区一和二区之间应实现逻辑隔离，防火墙规则配置应严格；连接生产控制大区和管理信息大区间应安装单向横向隔离装置；发电厂至上一级电力调度数据网之间应安装纵向加密认证装置，以上两装置应经过国家权威机构的测试和安全认证	1	检查相关设备是否符合上述要求				

编号	条文规定	小项	检查内容	是否符合	评价	检查人	备注
19.1.16	调度端及厂站端应配备全站统一的卫星时钟设备和网络授时设备，对站内各种系统和设备的时钟进行统一校正。主时钟应采用双机冗余配置；时间同步装置应能可靠应对对钟异常跳变及电磁干扰等情况，避免时钟源切换策略不合理等导致输出时间的连续性和准确性受到影响；被授时系统（设备）对接收到的对时信息应做校验	1	检查是否配备全站统一的对时设备				
		2	检查主时钟是否配置北斗对时且以北斗优先				
		3	检查调试报告				
19.2	防止电力通信网事故	42					
19.2.1	电力通信网的网络规划、设计和改造计划应与电网发展相适应，充分满足各类业务应用需求，强化通信网薄弱环节的改造力度，力求网络结构合理、运行灵活、坚强可靠和协调发展。同时，设备选型应与现有网络使用的设备类型一致，保持网络完整性	1	检查通信网络结构合理、运行灵活、坚强可靠和协调发展，设备选型应保持一致；通信专业管理纳入了电厂安全生产的管理机制；通信与电气、保护及调度自动化等相关专业间有明确的分工界面和联系制度				
19.2.2	电力调度机构与其调度范围内的下级调度机构、集控中心（站）、重要变电站、直调发电厂和重要风电场之间应具有两个及以上独立通信路由，应具有两种及以上通信方式的调度电话，满足"双设备、双路由、双电源"的要求，且至少保证有一路单机电话。省调及以上调度及许可厂、站必须至少具备一种光纤通信手段	1	检查是否满足"双设备、双路由、双电源"的要求				
		2	省调及以上调度及许可厂、站必须至少具备一种光纤通信手段				
19.2.3	网、省调度大楼应具备两条及以上完全独立的光缆通道。电力调度机构、集控中心（站）、重要变电站、直调发电厂、重要风电场和通信枢纽站的通信光缆或电缆应采用不同路由的电缆沟（竖井）进入通信机房和主控室；避免与一次动力电缆同沟（架）布放，并完善防火阻燃、阻火分隔、防小动物封堵等各项安全措施，绑扎醒目的识别标志；如不具备条件，应采取电缆沟（竖井）内部分隔离等措施进行有效隔离。新建通信站应在设计时与全站电缆沟、架统一规划，满足以上要求	1	检查通信光缆或电缆采用不同路由的电缆沟（竖井）进入通信机房和主控室				
		2	避免与一次动力电缆同沟（架）布放，检查防火阻燃、阻火分隔、防小动物封堵等各项安全措施				

编号	条文规定	小项	检查内容	是否符合	评价	检查人	备注
19.2.4	同一条 220kV 及以上线路的两套继电保护和同一系统的有主/备关系的两套安全自动装置通道应由两套独立的通信传输设备分别提供，并分别由两套独立的通信电源供电，重要线路保护及安全自动装置通道应具备两条独立的路由，满足"双设备、双路由、双电源"的要求	1	检查线路保护及安全自动装置通道应具备两条独立的路由				
		2	检查复用保护通信设备及通道是否符合运行条件和相关技术标准；检查是否执行复用保护通信设备及通道的管理规定和安全技术措施；检查重要输电线路的继电保护、安控通道是否满足"双路由、双设备、双电源"的配置要求；检查实际运行方式是否满足主备相互独立、互不影响的要求				
19.2.5	线路纵联保护使用复用接口设备传输允许命令信号时，不应带有附加延时展宽	1	检查复用接口设备信号测试试验报告				
19.2.6	电力调度机构与直调发电厂及重要变电站调度自动化实时业务信息的传输应具有两路不同路由的通信通道（主/备双通道）	1	检查图纸资料，检查装置双通道配置情况				
19.2.7	通信机房、通信设备（含电源设备）的防雷和过电压防护能力应满足电力系统通信站防雷和过电压防护相关标准、规定的要求。通信机房环境温度、湿度符合要求，机房空调工作正常；对机房空调、机房温、湿度具有控制措施	1	检查防雷和过电压防护能力满足电力系统通信站对防雷和过电压防护相关标准、规定的要求				
		2	检查通信机房对机房空调、机房温、湿度的管理制度				
19.2.8	电网一次系统配套通信项目，应随电网一次系统建设同步设计、同步实施、同步投运，以满足电网发展需要	1	检查电网一次系统配套通信项目，做到"同步设计、同步实施、同步投运"				
19.2.9	通信设备应在选型、安装、调试、入网试验等各个时期严格执行电力系统通信运行管理和工程验收等方面的标准、规定	1	检查通信设备在选型、安装、调试、入网试验等符合电力系统通信运行管理和工程验收等方面的标准、规定				
19.2.10	应从保证工程质量和通信设备安全稳定运行的要求出发，合理安排新建、改建和技改工程的工期，严格把好质量关，满足提前调试的条件，不得为赶工期减少调试项目，降低调试质量	1	检查调试报告、调试内容齐全不漏项，符合有关标准				

编号	条文规定	小项	检查内容	是否符合	评价	检查人	备注
19.2.11	在基建或技改工程中，若电网建设改造工作改变原有通信系统的网络结构、设备配置、技术参数时，工程建设单位应委托设计单位对通信系统进行设计，深度应达到初步设计要求，并要按照基建和技改工程建设程序开展相关工作；通信系统选型应符合通信专业有关规程规定，并需相关通信管理部门同意后，才能实施；现场设备的接口和协议必须满足通信系统的要求，必要时应根据实际情况制定通信系统过渡方案	1	查设计方案				
		2	通信系统选型符合通信专业有关规程规定				
		3	现场设备的接口和协议满足通信系统的要求				
19.2.12	用于传输继电保护和安控装置业务的通信通道投运前应进行测试验收，其传输时间、可靠性等技术指标应满足《光纤通道传输保护信息通用技术条件》（DL/T 364—2010）等的要求。传输线路分相电流差动保护的通信通道应满足收、发路径和时延相同的要求	1	对照《光纤通道传输保护信息通用技术条件》（DL/T 364—2010），检查通道测试报告，有关内容应符合要求				
19.2.13	安装调试人员应严格按照通信业务运行方式单的内容进行设备配置和接线。通信调度应在业务开通前与现场工作人员核对通信业务运行方式单的相关内容，确保业务图实相符	1	检查通信业务运行方式单				
		2	检查通道设备配置和接线，通信业务图实相符				
19.2.14	严格按架空地线复合光缆（OPGW）及其他光缆施工工艺要求进行施工。架空地线复合光缆、全介质自承式光缆（ADSS）等光缆在进站门型架处的引入光缆必须悬挂醒目光缆标示牌，防止一次线路人员工作时踩踏接续盒，造成光缆损伤。光缆线路投运前应对所有光缆接续盒进行检查验收、拍照存档，同时，对光缆纤芯测试数据进行记录并存档。应防止引入缆封堵不严或接续盒安装不正确造成管内或盒内进水结冰导致光纤受力引起断纤故障的发生	1	现场检查架空地线复合光缆（OPGW）及其他光缆施工工艺，标示牌等				
		2	检查光缆纤芯测试数据报告				

编号	条文规定	小项	检查内容	是否符合	评价	检查人	备注
19.2.15	通信设备应采用独立的空气开关或直流熔断器供电，禁止多台设备共用一只分路开关或熔断器。各级开关或熔断器保护范围应逐级配合，避免出现分路开关或熔断器与总开关或熔断器同时跳开或熔断，导致故障范围扩大的情况发生	1	检查通信机房电源配电装置，负荷分配情况。				
		2	检查各级开关或熔断器电流保护范围是否逐级配合。检查所有通信设备供电电源是否全部为独立的分路开关或熔断器。检查为主网同一线路提供两套保护复用通道的通信设备（含接口），是否由两个相互独立的通信直流电源分别供电				
19.2.16	各通信机构负责监视及控制所辖范围内的通信网的运行情况，及时发现通信网故障信息，指挥、协调通信网故障处理	1	检查通信管理制度及执行情况				
19.2.17	地（市）级及以上通信机构应设置通信调度，设置通信调度岗位，并实行24h有人值班。应加强通信调度管理，发挥通信调度在电力通信网运行指挥方面的作用。通信调度员必须具有较强的判断、分析、沟通、协调和管理能力，熟悉所辖通信网络状况和业务运行方式，上岗前应进行培训和考核	1	检查通信调度管理制度及执行情况				
		2	检查通信调度员管理制度及执行情况。检查电网调度和厂内生产指挥通信系统及其调度台或电话配置是否满足安全生产的要求；调度录音系统运行可靠、音质良好				
19.2.18	通信站内主要设备的告警信号（声、光）及装置应真实可靠。通信机房动力环境和无人值班机房内主要设备的告警信号应接到有人昼夜值班的地方或接入通信综合监测系统	1	现场检查通信站内主要设备的告警信号真实可靠。检查有人值班通信机房内主要设备的告警信号（声、光）及装置是否正常、可靠；通信电源和无人值守通信机房内主要设备的告警信号是否均已接到有人昼夜值班的地方				
19.2.19	通信检修工作应严格遵守电力通信检修管理规定相关要求，对通信检修工作票的业务影响范围、采取的措施等内容应严格进行审核核对，对影响一次电网生产业务的检修工作应按一次电网检修管理办法办理相关手续。严格按通信检修工作票的工作内容开展工作，严禁超范围、超时间检修	1	检查通信检修工作票。确保年内不发生通信事故、通信障碍或重大通信故障；发生事故要查明原因，制订防范措施并严格执行				

编号	条文规定	小项	检查内容	是否符合	评价	检查人	备注
19.2.20	通信运行部门应与一次线路建设、运行维护部门建立工作联系制度。因一次线路施工或检修对通信光缆造成影响时,应提前上报年度、月度检修计划。一次线路建设、运行维护部门应提前5个工作日通知通信运行部门,并按照电力通信检修管理规定办理相关手续,如影响上级通信电路,必须报上级通信调度审批后,方可批准办理开工手续,防止人为原因造成通信光缆非计划中断	1	检查有关管理制度。确保通信设备、电路及光缆线路的运行状况良好,缺陷或隐患要及时消除;运行率必须达到所在电网考核指标要求				
19.2.21	线路运行维护部门应结合线路巡检每半年对架空地线复合光缆进行专项检查,并将检查结果报通信运行部门。通信运行部门应每半年对全介质自承式光缆和普通光缆进行专项检查,重点检查站内及线路光缆的外观、接续盒固定线夹、接续盒密封垫等,并对光缆备用纤芯的衰耗进行测试对比	1	检查站内光缆及接续盒的检查维护记录				
19.2.22	每年雷雨季节前应对接地系统进行检查和维护。检查连接处是否紧固、接触是否良好、接地引下线有无锈蚀、接地体附近地面有无异常,必要时应开挖地面抽查地下隐蔽部分锈蚀情况。独立通信站、综合大楼接地网的接地电阻应每年进行一次测量,变电站通信接地网应列入变电站接地网测量内容和周期。微波塔上除架设本站必需的通信装置外,不得架设或搭挂可构成雷击威胁的其他装置,如电缆、电线、电视天线等。除架设本站必需的通信装置外,不得架设或搭挂可构成雷击威胁的其他装置,如电缆、电线、电视天线等	1	检查接地系统检查记录、测试情况				
		2	根据设备运行状态及时进行维护检修,检修程序符合电网通信检修管理规定,检修记录和检修报告完备,检测数据符合相关技术标准;每年春、秋季开展通信安全检查与隐患排查工作;现场检查微波塔上除架设本站必需的通信装置外,不得架设或搭挂其他装置				
19.2.23	制定通信网管系统运行管理规定,服从上级网管指挥,未经许可,各网元不得进行无关的配置、修改。落实数据备份、病毒防范和安全防护工作	1	检查通信网管系统运行管理规定。按上级有关通信设备运行、维护管理规定要求,编印本单位设备的运行值班日志,定期巡检、测试、年检消缺;按照要求规范化记录填写设备、备品备件、仪表台账				

编号	条文规定	小项	检查内容	是否符合	评价	检查人	备注
19.2.24	通信设备运行维护部门应每季度对通信设备的滤网、防尘罩进行清洗，做好设备防尘、防虫工作。通信设备检修或故障处理中，应严格按照通信设备和仪表使用手册进行操作，避免误操作或对通信设备及人员造成损伤，特别是采用光时域反射仪测试光纤时，必须断开对端通信设备	1	查定期工作记录				
		2	运行设备及主要辅助设备有规范、清晰的标志牌；复用保护的设备、部件和接线端子采用与其他设备不同的显著标志牌，并注明复用保护的线路名称和类型。通信设备检修手册执行情况				
19.2.25	调度交换机运行数据应每月进行备份，调度交换机数据发生改动前后，应及时做好数据备份工作。调度录音系统应每月进行检查，确保运行可靠、录音效果良好、录音数据准确无误、存储容量充足	1	检查调度交换机运行数据备份情况				
		2	检查调度录音系统定期工作开展情况				
19.2.26	因通信设备故障以及施工改造和电路优化工作等原因需要对原有通信业务运行方式进行调整时，应在48h之内恢复原运行方式。超过48h，必须编制和下达新的通信业务运行方式单，通信调度必须与现场人员对通信业务运行方式单进行核实，确保通信运行资料与现场实际运行状况一致	1	检查通信业务运行方式单执行情况。严格执行上级颁发的通信反事故措施；结合本厂实际，制订通信现场具体规章制度和安全技术措施；制定通信系统应急预案				
19.2.27	应落实通信专业在电网大面积停电及突发事件时的组织机构和技术保障措施；应制订和完善通信系统主干电路、电视电话会议系统、同步时钟系统和复用保护通道等应急预案。应制订和完善光缆线路、光传输设备、PCM设备、微波设备、载波设备、调度及行政交换机设备、网管设备以及通信专业管辖的通信专用电源系统的突发事件现场处置方案；应通过定期开展反事故演习来检验应急预案的实际效果，并根据通信网发展和业务变化情况对应急预案及时进行补充和修改，保证通信应急预案的常态化，提高通信网预防、控制和处理突发事件的能力	1	检查通信专业在电网大面积停电及突发事件时的组织机构和技术保障措施				
		2	检查通信系统主干电路、电视电话会议系统、同步时钟系统和复用保护通道等应急预案				
		3	检查光缆线路、光传输设备、PCM设备、微波设备、载波设备、调度及行政交换机设备、网管设备以及通信专业管辖的通信专用电源系统的突发事件现场处置方案				
19.3	防止信息系统事故	65					

编号	条文规定	小项	检查内容	是否符合	评价	检查人	备注
19.3.1	建立并完善信息系统安全管理机构,强化管理确保各项安全措施落实到位	1	应有信息系统安全管理机构成立的正式文件、会议记录				
		2	各项安全措施落实到位情况				
19.3.2	配备信息安全管理人员,并开展有效的管理、考核、审查与培训	1	配备 1~2 名信息安全员,须持证上岗				
		2	设立系统管理员、网络管理员、安全管理员等岗位,并定义各个工作岗位的职责;安全管理员不能兼任网络管理员、系统管理员、数据库管理员等岗位				
		3	规范人员离岗过程,及时终止离岗员工的所有访问权限,并办理严格的调离手续;定期对各个岗位的人员进行安全技能及安全认知的考核				
		4	告知相关人员的安全责任和惩戒措施,对违反违背安全策略和规定的人员进行惩戒				
		5	对各类人员进行安全意识教育、岗位技能培训和相关安全技术培训和审查				
		6	确保在外部人员访问受控区域前得到授权或审批,批准后由专人全程陪同或监督,并登记备案				
19.3.3	定期开展风险评估,并通过质量控制机应急措施消除或降低评估工作中可能存在的风险	1	按照安全域划分和保护等级的定级情况,分别划分不同保护等级保护范围内的子系统各自所采取的安全保护措施和风险评估				
		2	每年至少进行 2 次风险评估自查,根据系统的安全保护等级选择基本安全措施,依据风险分析的结果补充和调整安全措施				
		3	制定安全事件报告和处置管理制度,明确安全事件类型,规定安全事件的现场处理、事件报告和后期恢复的管理职责				

编号	条文规定	小项	检查内容	是否符合	评价	检查人	备注
19.3.3	定期开展风险评估，并通过质量控制机应急措施消除或降低评估工作中可能存在的风险	4	记录并保存所有报告的安全弱点和可疑事件，分析事件原因，监督事态发展，采取措施避免安全事件发生				
		5	在统一的应急预案框架下制定不同事件的应急预案，应急预案框架应包括启动应急预案的条件、应急处理流程、系统恢复流程、事后教育和培训等内容				
		6	对系统相关的人员进行应急预案培训，应急预案的培训应至少每年举办一次				
19.3.4	通过灾备系统的实施做好信息系统及数据的备份，以应对自然灾难可能会信息系统造成毁灭性的破坏。网络节点具有备份恢复能力，并能够有效防范病毒和黑客的攻击所引起的网络拥塞、系统崩溃和数据丢失	1	检查信息系统设计是否为完全冗余的系统架构，包换存储、主机以及运行网络				
		2	检查信息系统是否投入本地备份系统，以及相关备份、恢复策略				
		3	是否建立数据中心同城/异地灾备、恢复系统				
		4	是否建立针对数据安全的相关应急措施				
		5	检查是否投运安全防护产品，包括：防火墙、IPS、IDS，防病毒墙以及网络版的杀毒软件等				
		6	检查安全防护设备针对黑客攻击以及病毒防护等安全策略				
		7	检查网络核心交换设备是否对网络常见病毒端口做相应的拒绝策略				
19.3.5	在技术上合理配置和设置物理环境、网络、主机系统、应用系统和数据等方面的设备及安全措施；在管理上不断完善规章制度，持续改善安全保障机制	1	物理环境的建设是否符合国家的相关标准和规范，是否按照国家的相关规定建立机房安全管理制度，机房安全管控措施、防灾措施、应急措施、供电和通信系统等保障措施				

编号	条文规定	小项	检查内容	是否符合	评价	检查人	备注
19.3.5	在技术上合理配置和设置物理环境、网络、主机系统、应用系统和数据等方面的设备及安全措施；在管理上不断完善规章制度，持续改善安全保障机制	2	机房地面应做防静电处理；服务器和网络设备应有防火、防水、防盗、防鼠、防尘措施；机房应具备接地系统并有接地点标识；所有机柜应可靠接地；机房内所有设备标识清晰、准确、齐全；夏季机房温度控制在21~25℃，冬季控制在18~22℃，机房湿度应控制在45%~65%				
		3	机房供电系统应将动力、照明用电与计算机系统供电线路分开，并配备应急照明装置；机房应配备专用UPS蓄电池；机房满足供电系统满足市电/UPS双电源要求，并可实现自动切换；每年应对蓄电池进行充放电试验，具备规范的UPS充放电实验记录				
		4	机柜内线缆标识应整齐、清楚，布置合理；信息端口分布图准确无误				
		5	保证关键网络设备的业务处理能力具备冗余空间，满足业务高峰期需要				
		6	保证接入网络和核心网络的带宽满足业务高峰期需要				
		7	对网络系统中的网络设备运行状况、网络流量、用户行为等进行日志记录审计记录应包括事件的日期和时间、用户、事件类型、事件是否成功及其他与审计相关的信息				
		8	在网络边界处监视攻击行为：端口扫描、强力攻击、木马后门攻击、拒绝服务攻击、缓冲区溢出攻击、IP碎片攻击和网络蠕虫攻击等				
		9	操作系统和数据库系统管理用户身份标识应具有不易被冒用的特点，口令应有复杂度要求并定期更换				

编号	条文规定	小项	检查内容	是否符合	评价	检查人	备注
19.3.5	在技术上合理配置和设置物理环境、网络、主机系统、应用系统和数据等方面的设备及安全措施；在管理上不断完善规章制度，持续改善安全保障机制	10	为操作系统和数据库系统的不同用户分配不同的用户名，确保用户名具有唯一性。及时删除多余的、过期的账户，避免共享账户的存在				
		11	操作系统应遵循最小安装的原则，仅安装需要的组件和应用程序，并通过设置升级服务器等方式保持系统补丁及时得到更新。安装防恶意代码软件，并及时更新防恶意代码软件版本和恶意代码库				
		12	提供登录失败处理功能，可采取结束会话、限制非法登录次数和自动退出等措施；访问控制功能，依据安全策略控制用户对文件、数据库表等客体的访问				
		13	能够检测到鉴别信息和重要业务数据在传输过程中完整性受到破坏，并采用加密或其他保护措施实现鉴别信息的存储保密性				
		14	制定信息安全工作的总体方针和安全策略，说明机构安全工作的总体目标、范围、原则和安全框架等；并将安全管理制度以某种方式发布到相关人员手中				
		15	定期对安全管理制度进行评审，对存在不足或需要改进的安全管理制度进行修订				
19.3.5.1	信息网络设备及其系统设备可靠，符合相关要求；总体安全策略、设备安全策略、网络安全策略、应用系统安全策略、部门安全策略等应正确，符合规定	1	信息网络设备及其系统设备可靠，是否符合相关安全要求，包括总体安全策略、设备安全策略、网络安全策略、应用系统安全策略、部门安全策略等				
		2	提供关键网络设备、通信线路和数据处理系统的硬件冗余，保证系统的可用性，并能够对重要信息进行备份和恢复				

编号	条文规定	小项	检查内容	是否符合	评价	检查人	备注
19.3.5.1	信息网络设备及其系统设备可靠,符合相关要求;总体安全策略、设备安全策略、网络安全策略、应用系统安全策略、部门安全策略等应正确,符合规定	3	指定人员对网络进行管理,负责运行日志、网络监控记录的日常维护和报警信息分析和处理工作				
		4	建立网络安全管理制度,对网络安全配置、日志保存时间、安全策略、升级与打补丁、口令更新周期等方面做出规定				
		5	建立相关安全管理制度,对安全策略、安全配置、日志管理和日常操作流程等方面做出规定				
		6	依据操作手册对系统进行维护,详细记录操作日志,包括重要的日常操作、运行维护记录、参数的设置和修改等内容,严禁进行未经授权的操作				
19.3.5.2	构建网络基础设备和软件系统安全可信,没有预留后门或逻辑炸弹。接入网络用户及网络上传输、处理、存储的数据可信,杜绝非授权访问或恶意篡改	1	服务器应使用合法正版软件;采购软件原介质必须存档,实际使用时应采用复制介质				
		2	定期扫描网络接入终端及网络上提供的服务,具备完整的扫描记录				
		3	定期开展网络漏洞扫描,具有完备的扫描测试报告和系统(设备)修补记录				
19.3.5.3	路由器、交换机、服务器、邮件系统、目录系统、数据库、域名系统、安全设备、密码设备、密钥参数、交换机端口、IP地址、用户账号、服务端口等网络资源统一管理	1	根据各设备的工作职能、重要性和所涉及信息的重要程度等因素,划分不同的子网或网段,并按照方便管理和控制的原则为各子网、网段分配地址段				
		2	对各设备的运行情况、端口、用户账号、密钥参数等进行统一的资源管理和监控				
19.3.6	信息系统的需求阶段应充分考虑到信息安全,进行风险分析,开展等级保护定级工作;设计阶段应明确系统自身安全功能设计以及安全防护部署设计,形成专项信息安全防护设计	1	参照国家及行业信息系统开发标准是否有信息系统风险分析、评估和应对措施以及系统等保测评、定级等方面的相关报告和资料				
		2	系统是否按照国家标准或行业标准建设安全设施,落实安全措施				
		3	检查是否在软件设计层面上设计相应安全方针				

编号	条文规定	小项	检查内容	是否符合	评价	检查人	备注
19.3.7	加强信息系统开发阶段的管理，建立完善内部安全测试机制，确保项目开发人员遵循信息安全管理和信息保密要求，并加强对项目开发环境的安全管控，确保开发环境与实际运行环境安全隔离	1	是否建立信息系统测试安全机制和管理办法				
		2	是否针对开发环境和生产环境设计相应的物理隔离和逻辑隔离的措施、方案				
19.3.8	信息系统上线前测试阶段，应严格进行安全功能测试、代码安全检测等内容；并按照合同约定及时进行软件著作权资料的移交	1	检查是否有完整的测试脚本、测试用例、测试报告				
		2	检查是否有针对系统代码的权限分离文档				
		3	检查系统代码安全测评记录、报告等文件，专业技术机构指定第三方测评机构（以提供第三方测评机构的测评报告为准）				
		4	检查软件平台的授权证书等相关材料是否移交；以及信息系统项目阶段性资料移交清单				
19.3.9	信息系统投入运行前，就对访问策略和操作权限进行全面清理，复查账号权限，核实安全设备开放的端口和策略，确保信息系统投运后的信息安全；信息系统投入运行须同步纳入监控	1	检查是否实现每个用户分配一个账户，且采用最小权限原则进行授权				
		2	检查用户账户列表及相关记录文件，抽查系统用户权限分配使用情况（检查是否实现用户权限的权责分离）				
		3	检查是否建设信息系统监控平台，以及相关系统是否纳入监控以及监控项目				
19.3.10	在信息系统运行维护、数据交互和调试期间，认真履行相关流程和审批制度，执行工作票和操作票制度，不得擅自进行在线调试和修改，相关维护操作在测试环境通过后再部署到正式环境	1	检查是否建立信息系统运维管理制度、办法及其执行情况				
		2	检查是否建立信息系统变更审批管理制度、执行情况以及系统变更记录表				
		3	检查本部门信息安全应急预案制定、评估、修订、备案及宣贯培训情况				
19.3.11	加强网络与信息系统安全审计工作，安全审计系统定期生成审计报表，审计记录应受到保护，并进行备份，避免删除、修改或破坏	1	强化网络与信息系统安全设计工作，审计重要用户行为、系统资源的异常使用和重要系统命令的使用等系统内重要的安全相关事件				

编号	条文规定	小项	检查内容	是否符合	评价	检查人	备注
19.3.11	加强网络与信息系统安全审计工作，安全审计系统定期生成审计报表，审计记录应受到保护，并进行备份，避免删除、修改或破坏	2	提供覆盖到每个用户的安全审计功能，对应用系统重要安全事件进行审计；保证无法删除、修改或覆盖审计记录				
		3	定期生成审计报表和审计记录，包括事件的日期、时间、类型、主体标识、客体标识和结果等；保护审计记录，避免受到未预期的删除、修改或覆盖等				

22 防止发电厂、变电站全停及重要客户停电事故

编号	条文规定	小项	检查内容	是否符合	评价	检查人	备注
22	防止发电厂、变电站全停及重要客户停电事故	82					
22.1	防止发电厂全停事故	15					
22.1.1	加强厂用电系统运行方式和设备管理	7					
22.1.1.1	根据电厂运行实际情况，制订合理的全厂公用系统运行方式，防止部分公用系统故障导致全厂停电。重要公用系统在非标准运行方式时，应制定监控措施，保障运行正常	1	检查运行规程是否制订全厂公用系统运行方式，防止部分公用系统故障导致全厂停电事故				
		2	检查有单机运行确保安全运行的措施				
		3	检查全厂停电事故预案				
22.1.1.2	重视机组厂用电切换装置的合理配置及日常维护，确保系统电压、频率出现较大波动时，具有可靠的保厂用电源技术措施	1	检查厂用电切换装置的调试记录				
		2	检查是否有事故保厂用电源的措施				
22.1.1.3	带直配电负荷电厂的机组应设置低频率、低电压解列装置，确保机组在发生系统故障时，解列部分机组后能单独带厂用电和直配负荷运行	1	检查带直配电负荷电厂的机组是否设置低频率、低电压解列装置				
		2	检查带直配电负荷电厂的机组是否有单独带厂用电和直配负荷运行的预案				
22.1.2	自动准同期装置和厂用电切换装置宜单独配置	1	检查自动准同期装置和厂用电切换装置是否单独配置				
22.1.3	在汽轮机油系统间加装能隔离开断的设施并设置备用冷油器，定期化验油质，防止因冷油器漏水导致油质老化，造成轴瓦过热熔化被迫停机	1	检查汽轮机油系统间是否加装能隔离开断的设施并设置备用冷油器				
		2	检查油质化验报告				
22.1.4	厂房内重要辅机（如送引风，给水泵，循环水泵等）电动机事故控制按钮必须加装保护罩，防止误碰造成停机事故	1	检查厂房内重要辅机电动机事故控制按钮是否加装保护罩				

编号	条文规定	小项	检查内容	是否符合	评价	检查人	备注
22.1.5	加强蓄电池和直流系统（含逆变电源）及柴油发电机组的运行维护，确保主机交直流润滑油泵和主要辅机小油泵供电可靠	1	检查蓄电池和直流系统（含逆变电源）的调试记录				
		2	检查柴油发电机组的调试记录				
		3	检查主机交直流润滑油泵和主要辅机小油泵的电源切换试验报告				
22.1.6	积极开展汽轮发电机组小岛试验工作，以保证机组与电网解列后的厂用电源	1	检查是否开展汽轮发电机组小岛试验				
22.2	防止变电站和发电厂升压站全停事故	59					
22.2.1	完善变电站一、二次设备	8					
22.2.1.3	330kV 及以上变电站和地下 220kV 变电站的备用站用电源不能由该站作为单一电源的区域供电	1	检查 330kV 及以上变电站和地下 220kV 变电站的备用站用电源是否由单一电源供电				
22.2.1.4	严格按照有关标准进行开关设备选型，加强对变电站断路器开断容量的校核，对短路容量增大后造成断路器开断容量不满足要求的断路器要及时进行改造，在改造以前应加强对设备的运行监视和试验	1	检查变电站开关设备选型时是否进行开断容量校核				
22.2.1.5	为提高继电保护的可靠性，重要线路和设备按双重化原则配置相互独立的保护。传输两套独立的主保护通道相对应的电力通信设备也应为两套完整独立的、两种不同路由的通信系统，其告警信息应接入相关监控系统	1	检查重要线路和设备是否按双重化原则配置相互独立的保护				
		1	检查传输两套独立的主保护通道相对应的电力通信设备是否为两套完整独立的、两种不同路由的通信系统，其告警信息是否接入相关监控系统				
22.2.1.6	在确定各类保护装置电流互感器二次绕组分配时，应考虑消除保护死区。分配接入保护的互感器二次绕组时，还应特别注意避免运行中一套保护退出时可能出现的电流互感器内部故障死区问题	1	检查保护装置是否有保护死区				
		1	检查分配接入保护的互感器二次绕组时，是否考虑避免一套保护退出时可能出现的电流互感器内部故障死区问题				

181

编号	条文规定	小项	检查内容	是否符合	评价	检查人	备注
22.2.1.7	继电保护及安全自动装置应选用抗干扰能力符合有关规程规定的产品，在保护装置内，直跳回路开入量应设置必要的延时防抖回路，防止由于开入量的短暂干扰造成保护装置误动出口	1	检查继电保护及安全自动装置是否通过电磁兼容测试				
		2	检查保护装置内的直跳回路开入量是否设置必要的延时防抖回路				
22.2.2	防止污闪造成的变电站和发电厂升压站全停	7					
22.2.2.1	变电站和发电厂升压站外绝缘配置应以污区分布图为基础，综合考虑环境污染变化因素，并适当留有裕度，爬距配置不应低于 d 级污区要求	1	检查变电站和发电厂升压站外绝缘配置是否以污区分布图为基础，综合考虑环境污染变化因素，并适当留有裕度				
		2	检查爬距配置是否不低于 d 级污区要求				
22.2.2.2	对于伞形合理、爬距不低于三级污区要求的瓷绝缘子，可根据当地运行经验，采取绝缘子表面涂覆防污闪涂料的补充措施。其中防污闪涂料的综合性能应不低于线路复合绝缘子所用高温硫化硅橡胶的性能要求	1	检查伞形合理、爬距不低于三级污区要求的瓷绝缘子，是否根据当地运行经验，采取绝缘子表面涂覆防污闪涂料的补充措施				
		2	检查防污闪涂料的出厂试验报告				
22.2.2.3	硅橡胶复合绝缘子（含复合套管、复合支柱绝缘子等）的硅橡胶材料综合性能不应低于线路复合绝缘子所用高温硫化硅橡胶的性能要求；树脂浸渍的玻璃纤维芯棒或玻璃纤维筒应参考线路复合绝缘子芯棒材料的水扩散试验进行检验	1	检查硅橡胶复合绝缘子、玻璃纤维芯棒或玻璃纤维筒的出厂试验报告				
22.2.2.4	对于易发生黏雪、覆冰的区域，支柱绝缘子及套管在采用大小相间的防污伞形结构基础上，每隔一段距离应采用一个超大直径伞裙（可采用硅橡胶增爬裙），以防止绝缘子上出现连续黏雪、覆冰。110kV、220kV 及 500kV 绝缘子串宜分别安装3、6片及9～12片超大直径伞裙。支柱绝缘子所用伞裙伸出长度 8～10cm；套管等其他直径较粗的绝缘子所用伞裙伸出长度 12～15cm	1	检查对于易发生黏雪、覆冰的区域，支柱绝缘子及套管在采用大小相间的防污伞形结构基础上，每隔一段距离是否采用一个超大直径伞裙（可采用硅橡胶增爬裙），以防止绝缘子上出现连续黏雪、覆冰				
		2	检查 110kV、220kV 及 500kV 绝缘子串是否分别安装 3、6 片及 9～12 片超大直径伞裙。支柱绝缘子所用伞裙伸出长度 8～10cm；套管等其他直径较粗的绝缘子所用伞裙伸出长度 12～15cm				

编号	条文规定	小项	检查内容	是否符合	评价	检查人	备注
22.2.3	加强直流系统配置及运行管理	32					
22.2.3.1	在新建、扩建和技改工程中，应按《电力工程直流系统设计技术规程》（DL/T 5044）和《蓄电池施工及验收规范》（GB 50172）的要求进行交接验收工作，所有已运行的直流电源装置、蓄电池、充电装置、微机监控器和直流系统绝缘监测装置都应按《蓄电池直流电源装置运行与维护技术规程》（DL/T 724）和《电力用高频开关整流模块》（DL/T 781）的要求进行维护、管理	1	检查直流系统的调试记录				
22.2.3.2	发电机组用直流电源系统与发电厂升压站用直流电源系统必须相互独立	1	检查发电机组直流电源与升压站直流电源是否相互独立				
22.2.3.3	变电站、发电厂升压站直流系统配置应充分考虑设备检修时的冗余，330kV 及以上电压等级变电站、发电厂升压站及重要的220kV 变电站、发电厂升压站应采用 3 台充电、浮充电装置，两组蓄电池组的供电方式。每组蓄电池和充电机应分别接于一段直流母线上，第三台充电装置（备用充电装置）可在两段母线之间切换，任一工作充电装置退出运行时，手动投入第三台充电装置。变电站、发电厂升压站直流电源供电质量应满足微机保护运行要求	1	检查发电厂升压站直流系统配置及运行方式是否满足要求				
		2	检查发电厂升压站直流电源调试报告				
22.2.3.4	发电厂动力、UPS 及应急电源用直流系统，按主控单元，应采用 3 台充电、浮充电装置，两组蓄电池组的供电方式。每组蓄电池和充电机应分别接于一段直流母线上，第三台充电装置（备用充电装置）可在两段母线之间切换，任一工作充电装置退出运行时，手动投入第三台充电装置。其标称电压应采用 220V，直流电源的供电质量应满足动力、UPS 及应急电源的运行要求	1	检查发电厂动力、UPS 及应急电源用直流系统配置及运行方式是否满足要求				
		2	检查发电厂动力、UPS 及应急电源用直流电调试报告				

续表

编号	条文规定	小项	检查内容	是否符合	评价	检查人	备注
22.2.3.5	发电厂控制、保护用直流电源系统，按单台发电机组，应采用2台充电、浮充电装置，两组蓄电池组的供电方式。每组蓄电池和充电机应分别接于一段直流母线上。每一段母线各带一台发电机组的控制、保护用负荷。直流电源的供电质量应满足控制、保护负荷的运行要求	1	检查发电厂控制、保护用直流系统配置及运行方式是否满足要求				
		2	检查发电厂控制、保护用直流电源调试报告				
22.2.3.6	采用两组蓄电池供电的直流电源系统，每组蓄电池组的容量，应能满足同时带两段直流母线负荷的运行要求	1	检查蓄电池容量及直流负荷配置表是否满足要求				
22.2.3.7	变电站、发电厂升压站直流系统的馈出网络应采用辐射状供电方式，严禁采用环状供电方式	2	现场检查直流馈线网络供电方式是否满足要求				
22.2.3.8	变电站直流系统对负荷供电，应按电压等级设置分电屏供电方式，不应采用直流小母线供电方式	1	现场检查变电站直流系统是否采用分电屏供电方式				
22.2.3.9	发电机组直流系统对负荷供电，应按所供电设备所在段配设置分电屏，不应采用直流小母线供电方式	1	现场检查发电机组直流系统是否采用分电屏供电方式				
22.2.3.10	直流母线采用单母线供电时，应采用不同位置的直流开关，分别带控制用负荷和保护用负荷	1	检查直流系统拓扑结构				
22.2.3.11	新建或改造的直流电源系统选用充电、浮充电装置，应满足稳压精度优于0.5%、稳流精度优于1%、输出电压纹波系数不大于0.5%的技术要求。在用的充电、浮充电装置如不满足上述要求，应逐步更换	1	检查直流系统调试报告				
22.2.3.12	新建、扩建或改造的直流系统用断路器应采用具有自动脱扣功能的直流断路器，严禁使用普通交流断路器	1	检查直流系统用断路器是否满足要求				
22.2.3.13	蓄电池组保护用电器，应采用熔断器，不应采用断路器，以保证蓄电池组保护电器与负荷断路器的级差配合要求	1	检查蓄电池组保护用电器是否采用熔断器，级差满足要求				

编号	条文规定	小项	检查内容	是否符合	评价	检查人	备注
22.2.3.14	除蓄电池组出口总熔断器以外，逐步将现有运行的熔断器更换为直流专用断路器。当负荷直流断路器与蓄电池组出口总熔断器配合时，应考虑动作特性的不同，对级差做适当调整	1	检查直流负荷是否采用直流专用断路器，级差满足要求				
22.2.3.15	直流系统的电缆应采用阻燃电缆，两组蓄电池的电缆应分别铺设在各自独立的通道内，尽量避免与交流电缆并排铺设，在穿越电缆竖井时，两组蓄电池电缆应加穿金属套管	1	检查直流系统电缆的材质和敷设方式是否满足要求				
22.2.3.16	及时消除直流系统接地缺陷，同一直流母线段，当出现同时两点接地时，应立即采取措施消除，避免由于直流同一母线两点接地，造成继电保护或断路器误动故障。当出现直流系统一点接地时，应及时消除	1	查运行规程是否有直流系统一点接地规定，检查直流系统发生一点接地后是否及时处理				
22.2.3.17	两组蓄电池组的直流系统，应满足在运行中两段母线切换时不中断供电的要求，切换过程中允许两组蓄电池短时并联运行，禁止在两个系统都存在接地故障情况下进行切换	1	检查直流系统运行规程是否满足要求				
22.2.3.18	充电、浮充电装置在检修结束恢复运行时，应先合交流侧开关，再带直流负荷	1	检查直流系统运行规程是否满足要求				
22.2.3.19	新安装的阀控密封蓄电池组，应进行全核对性放电试验。以后每隔 2 年进行一次核对性放电试验。运行了 4 年以后的蓄电池组，每年做一次核对性放电试验	1	检查蓄电池组全核对性放电试验报告				
22.2.3.20	浮充电运行的蓄电池组，除制造厂有特殊规定外，应采用恒压方式进行浮充电。浮充电时，严格控制单体电池的浮充电压上、下限，每个月至少一次对蓄电池组所有的单体浮充端电压进行测量记录，防止蓄电池因充电电压过高或过低而损坏	1	检查浮充电电压上下限是否满足要求				
		1	检查蓄电池组端电压定期测量记录				

编号	条文规定	小项	检查内容	是否符合	评价	检查人	备注
22.2.3.21	加强直流断路器上、下级之间的级差配合时运行维护管理。新建或改造的发电机组、变电站、发电厂升压站的直流电源系统，应进行直流断路器的级差配合试验	1	检查直流断路器的级差配合试验				
22.2.3.22	严防交流窜入直流故障出现	1					
22.2.3.22.1	雨季前，加强现场端子箱、机构箱封堵措施的巡视，及时消除封堵不严和封堵设施脱落缺陷	1	检查端子箱、机构箱封堵情况				
22.2.3.22.2	现场端子箱不应交、直流混装，现场机构箱内应避免交、直流接线出现在同一段或串端子排上	1	检查端子箱、机构箱交、直流接线是否符合要求				
22.2.3.23	加强直流电源系统绝缘监测装置的运行维护和管理	1					
22.2.3.23.1	新投入或改造后的直流电源系统绝缘监测装置，不应采用交流注入法测量直流电源系统绝缘状态。在用的采用交流注入法原理的直流电源系统绝缘监测装置，应逐步更换为直流原理的直流电源系统绝缘监测装置	1	检查直流电源系统绝缘监测装置的检测方法是否满足要求				
22.2.3.23.2	直流电源系统绝缘监测装置，应具备检监测蓄电池组和单体蓄电池绝缘状态的功能	1	检查直流电源系统绝缘监测装置的功能是否满足要求				
22.2.3.23.3	新建或改造的变电所，直流电源系统绝缘监测装置，应具备交流窜直流故障的测记和报警功能。原有的直流电源系统绝缘监测装置，应逐步进行改造，使其具备交流窜直流故障的测记和报警功能	1	检查直流电源系统绝缘监测装置的功能是否满足要求				
22.2.4	加强站用电系统配置及运行管理	5					
22.2.4.1	站用电系统空气开关、熔断器配置建议参照直流系统空气开关、熔断器配置要求	1	检查站用电系统的空气开关、熔断器配置是否满足要求				
22.2.4.2	对站用电屏设备订货时，应要求厂家出具完整的试验报告，确保其站用电系统过流跳闸、瞬时特性满足系统运行要求	1	检查站用电屏的出厂试验报告				

186

编号	条文规定	小项	检查内容	是否符合	评价	检查人	备注
22.2.4.3	对于新安装、改造的站用电系统，高压侧有继电保护装置的，应加强对站用变压器高压侧保护装置定值整定，避免站用变压器高压侧保护装置定值与站用电屏断路器自身保护定值不匹配，导致越级跳闸事件	1	检查站用变高压侧保护装置定值与站用电屏断路器保护定值是否匹配				
22.2.4.4	加强站用电高压侧保护装置、站用电屏总路和馈线空气开关保护功能校验，确保短路、过载、接地故障时，各级空气开关能正确动作，以防止站用电故障越级动作，确保站用电系统的稳定运行	1	检查站用电高压侧保护装置、站用电屏总路和馈线空气开关保护功能校验报告				
		1	检查站用电系统各级空气开关的级差配合试验报告				
22.2.5	强化变电站、发电厂升压站的运行、检修管理	7					
22.2.5.1	运行人员必须严格执行运行有关规程、规定。操作前要认真核对接线方式，检查设备状况。严格执行"两票三制"制度，操作中禁止跳项、倒项、添项和漏项	1	检查"两票三制"制度齐全，检查运行操作票的安全措施				
22.2.5.2	加强防误闭锁装置的运行和维护管理，确保防误闭锁装置正常运行。闭锁装置的解锁钥匙必须按照有关规定严格管理	1	检查防误闭锁装置的运行管理规定				
		2	检查闭锁装置解锁钥匙的使用登记记录				
22.2.5.3	对于双母线接线方式的变电站、发电厂升压站，在一条母线停电检修及恢复送电过程中，必须做好各项安全措施。对检修或事故跳闸停电的母线进行试送电时，具备空余线路且线路后备保护齐备时应首先考虑用外来电源送电	1	检查运行规程相关内容是否满足要求				
22.2.5.4	隔离开关和硬母线支柱绝缘子，应选用高强度支柱绝缘子，定期对枢纽变电站、发电厂升压站支柱绝缘子，特别是母线支柱绝缘子、隔离开关支柱绝缘子进行检查，防止绝缘子断裂引起母线事故	1	检查隔离开关和硬母线支柱的绝缘子是否选用高强度支柱绝缘子				
		2	检查发电厂升压站支柱绝缘子的探伤检查报告				
22.2.5.5	变电站、发电厂升压站带电水冲洗工作必须保证水质要求，并严格按照《电力设备带电水冲洗导则》（GB 13395—2008）规范操作，母线冲洗时要投入可靠的母差保护	1	检查发电厂升压站带电水冲洗管理规定				

23 防止垮坝、水淹厂房及厂房坍塌事故

编号	条文规定	小项	检查内容	是否符合	评价	检查人	备注
24	防止垮坝、水淹厂房及厂房坍塌事故	61					
24.1	加强大坝、厂房防洪设计	13					
24.1.1	设计应充分考虑不利的工程地质、气象条件的影响，尽量避开不利地段，禁止在危险地段修建、扩建和改造工程	1	查工程地质考察、设计方案				
		2	查工程安全性评价报告				
		3	查工程环评报告				
24.1.2	大坝、厂房的监测设计需与主体工程同步设计，监测项目内容和设施的布置在符合水工建筑物监测设计规范基础上，应满足维护、检修及运行要求	1	查大坝、厂房监测设计批准方案				
		2	查大坝、厂房施工验收报告				
24.1.3	水库设防标准及防洪标准应满足规范要求，应有可靠的泄洪等设施，启闭设备电源、水位监测设施等可靠性应满足要求	1	查水库设防标准是否符合国家规范				
		2	查水库启闭设备电源、水位监测设施备用装置定期维护报告				
		3	现场检查				
24.1.4	厂房设计应设有正常及应急排水系统	1	查厂房设计专篇				
		2	现场检查				
24.1.5	运行单位应在设计阶段介入工程，从保护设施、设备运行安全及维护方便等方面提出意见。设计应根据运行电站出现的问题，统筹考虑水电站大坝和厂房等工程问题的解决方案	1	查运行单位参与水电站大坝和厂房设计名单				
		2	查水电站大坝和厂房设计的会审纪要				
		3	查水电站大坝和厂房设计的批准方案				
24.2	落实大坝、厂房施工期防洪、防汛措施	14					
24.2.1	施工期应成立防洪度汛组织机构，机构应包含业主、设计、施工和监理等相关单位人员，明确各单位人员权利和职责	1	查施工期防洪度汛组织机构成员构成				
		2	查施工期防洪度汛组织机构各成员责任制				

编号	条文规定	小项	检查内容	是否符合	评价	检查人	备注
24.2.2	施工期应编制满足工程度汛及施工要求的临时挡水方案，报相关部门审查，并严格执行	1	查施工期工程度汛批准的挡水方案				
		2	查施工期安全专项检查记录				
24.2.3	大坝、厂房改（扩）建过程中应满足各施工阶段的防洪标准	1	查大坝、厂房改（扩）建设计方案				
24.2.4	项目建设单位、施工单位应制定工程防洪应急预案，并组织应急演练	1	查项目建设单位、施工单位制定的防洪应急预案				
		2	查防洪应急预案演练计划及总结				
24.2.5	施工单位应单独编制观测设施施工方案并经设计、监理、运行单位审查后实施	1	查经审查批准的施工单位编制的观测设施施工方案				
24.2.6	设计单位应于汛前提出工程度汛标准、工程形象面貌及度汛要求	1	查设计单位汛前提出的工程度汛标准、工程形象面貌及度汛要求				
24.2.7	施工单位应于汛前按设计要求和现场施工情况制订防汛措施报监理单位审批后成立防汛抢险队伍，配置足够的防汛物资，做好防洪抢险准备工作。建设单位应组织做好水情预报工作，提供水文气象预报信息，及时通告各参建单位	1	查经监理单位审批的施工单位防汛措施				
		2	查施工单位成立的防汛抢险队伍名单				
		3	查施工单位配置的防汛物资库存明细				
		4	查建设单位防洪水文气象预报信息记录				
		5	查建设单位组织的安全检查记录				
24.3	加强大坝、厂房日常防洪、防汛管理	34					
24.3.1	建立、健全防汛组织机构，强化防汛工作责任制，明确防汛目标和防汛重点	1	查防汛组织机构				
		2	查防汛责任制				
		3	查防汛目标和防汛重点及任务分解记录				
24.3.2	加强防汛与大坝安全工作的规范化、制度化建设，及时修订和完善能够指导实际工作的《防汛手册》	1	查大坝防汛安全管理规定				
		2	查《防汛手册》				
		3	查大坝防汛安全检查专项记录				

编号	条文规定	小项	检查内容	是否符合	评价	检查人	备注
24.3.3	做好大坝安全检查（日常巡查、年度详查、定期检查和特种检查）、监测、维护工作，确保大坝处于良好状态。对观测异常数据要及时分析、上报和采取措施	1	查大坝日常巡查记录				
		2	查大坝年度详查记录				
		3	查大坝定期检查记录				
		4	查大坝特种检查记录				
		5	查大坝观测异常数据分析记录				
		6	查大坝风险辨识与评估记录及防范措施				
24.3.4	应认真开展汛前检查工作，明确防汛重点部位、薄弱环节，制订科学、具体、切合实际的防汛预案，有针对性地开展防汛演练，对汛前检查及演练情况应及时上报主管单位	1	查防汛检查方案				
		2	查防汛应急预案				
		3	查防汛应急预案演练计划及演练总结				
		4	查防汛检查整改落实措施				
		5	查防汛工作上报总结				
24.3.5	水电厂应按照有关规定，对大坝、水库情况、备用电源、泄洪设备、水位计等进行认真检查。既要检查厂房外部的防汛措施，也要检查厂房内部的防水淹厂房措施，厂房内部重点应对供排水系统、廊道、尾水进入孔、水轮机顶盖等部位的检查和监视，防止水淹厂房和损坏机组设备	1	查厂房防汛措施				
		2	查厂房防汛检查记录				
24.3.6	汛前应做好防止水淹厂房、廊道、泵房、变电站、进厂铁（公）路以及其他生产、生活设施的可靠防范措施，防汛备用电源汛前应进行带负荷试验，特别确保地处河流附近低洼地区、水库下游地区、河谷地区排水畅通，防止河水倒灌和暴雨造成水淹	1	查防止水淹厂房防范措施				
		2	查防汛备用电源试验记录				
24.3.7	汛前备足必要的防洪抢险器材、物资，并对其进行检查、检验和试验，确保物资的良好状态。确保有足够的防汛资金保障，并建立保管、更新、使用等专项使用制度	1	查防洪抢险物资清单				
		2	查防洪抢险物资检查检验记录				
		3	查防洪抢险物资使用管理制度				

编号	条文规定	小项	检查内容	是否符合	评价	检查人	备注
24.3.9	加强对水情自动系统的维护，广泛收集气象信息，确保洪水预报精度。如遇特大暴雨洪水或其他严重威胁大坝安全的事件，又无法与上级联系，可按照批准的方案，采取非常措施确保大坝安全，同时采取一切可能的途径通知地方政府	1	查水情自动系统维护记录				
		2	查确保大坝安全的防范措施				
24.3.11	对影响大坝、灰坝安全和防洪度汛的缺陷、隐患及水毁工程，应实施永久性的工程措施，优先安排资金，抓紧进行检修、处理。对已确认的病、险坝，必须立即采取补强加固措施，并制订险情预计和应急处理计划。检修、处理过程应符合有关规定要求，确保工程质量。隐患未除期间，应根据实际病险情况，充分论证，必要时采取降低水库运行特征水位等措施确保安全	1	查保水库、灰坝安全运行措施				
		2	查水库、灰坝定期维护检查记录				
		3	查水库、灰坝隐患排查记录				
24.3.12	汛期加强防汛值班，确保水雨情系统完好可靠，及时了解和上报有关防汛信息。防汛抗洪中发现异常现象和不安全因素时，应及时采取措施，并报告上级主管部门	1	查汛期 24h 值班记录				
		2	查水雨情系统维护记录				
		3	查汛期定期报告记录				
24.3.14	汛期后应及时总结，对存在的隐患进行整改，总结情况应及时上报主管单位	1	查汛期工作总结				
		2	查汛期隐患治理记录				

24 防止重大环境污染事故

编号	条文规定	小项	检查内容	是否符合	评价	检查人	备注
25	防止重大环境污染事故	80					
25.1	严格执行环境影响评价制度与环保"三同时"原则	11					
25.1.1	电厂废水回收系统应满足环境影响评价报告书及其批复的要求,废水处理设备必须保证正常运行,处理后废水测试数据指标应达到设计标准及《污水综合排放标准》(GB 8978)相关规定的要求	1	查DCS及现场设备情况,确认电厂废水处理设备是否正常运行,废水处理后去向符合环评报告要求				
		2	查DCS记录及化验报告,确认废水处理后测试数据指标是否达到设计标准及《污水综合排放标准》(GB 8978)相关规定的要求				
25.1.2	电厂宜采用干除灰输送系统、干排渣系统。如采用水力除灰,电厂应实现灰水回收循环使用,灰水设施和除灰系统投运前必须做水压试验	1	查规程、系统图或现场检查,确认电厂是否采用干除灰输送系统、干排渣系统				
		2	电厂如采用水力除灰,检查是否实现灰水回收循环使用,灰水设施和除灰系统投运前必须做水压试验,检查试验记录与台账				
25.1.3	电厂应按地方烟气污染物排放标准或《火电厂大气污染物排放标准》(GB 13223—2011)规定的各污染物排放限制,采用相应的烟气除尘(电除尘器、袋式除尘器、电袋复合式除尘器等)、烟气脱硫与烟气脱硝设施,投运的环保设施及系统应运行正常,脱除效率应达到设计要求,各污染物排放浓度达到地方或国家标准规定的要求	1	查DCS、现场设备情况确认烟气除尘设施及系统运行正常,除尘效率应达到设计要求,烟尘排放浓度达到环评、地方或国家标准规定的要求				
		2	查DCS、现场设备情况确认烟气脱硫设施及系统运行正常,脱硫效率应达到设计要求,二氧化硫排放浓度达到环评、地方或国家标准规定的要求				
		3	查DCS、现场设备情况确认烟气脱硝设施及系统运行正常,脱硝效率应达到设计要求,氮氧化物排放浓度达到环评、地方或国家标准规定的要求				

编号	条文规定	小项	检查内容	是否符合	评价	检查人	备注
25.1.4	电厂的锅炉实际燃用煤质的灰分、硫分、低位发热量等不宜超出设计煤质及校核煤质	1	检查燃料化验记录				
25.1.5	灰场大坝应充分考虑大坝的强度和安全性,大坝工程设计应最大限度地合理利用水资源并建设灰水回用系统,灰场应无渗漏设计,防止污染地下水	1	查灰场设计资料,现场检查灰场大坝是否已充分考虑大坝的强度和安全性				
		2	查灰场设计资料、现场检查灰场大坝工程设计是否最大限度地合理利用水资源并建设有灰水回用系统				
		3	查灰场设计资料,现场检查灰场是否为无渗漏设计,防止污染地下水				
25.2	加强灰场的运行维护管理	10					
25.2.1	加强电厂的灰坝坝体安全管理。已建灰坝要对危及大坝安全的缺陷、隐患及时处理和加固	1	查灰坝安全检查记录;对危及大坝安全的缺陷、隐患要及时进行处理和加固,检查处理和加固情况的记录				
25.2.2	建立灰场(灰坝坝体)安全管理制度,明确管理职责。应设专人定期对灰坝、灰管、灰场和排、渗水设施进行巡检。应坚持巡检制度并认真做好巡检记录,发现缺陷和隐患及早解决。汛期应加强灰场管理,增加巡检频率	1	查灰场(灰坝坝体)安全管理制度,并明确管理职责。				
		2	查是否有对灰坝、灰管、灰场和排、渗水设施进行定期巡检的相关制度				
		3	查是否有专人对灰坝、灰管、灰场和排、渗水设施进行定期巡检;检查巡检记录,检查对发现的缺陷和隐患处理情况				
		4	检查汛期灰场管理措施,汛期是否增加了巡检频率,检查汛期巡检记录				
25.2.3	加强灰水系统运行参数和污染物排放情况的监测分析,发现问题及时采取措施	1	查运行监控系统灰水系统运行参数是否符合规程要求;出现异常情况时是否有应对措施				
		2	查灰水系统污染物排放情况的监测分析数据是否符合规程要求;对异常情况是否有应对措施				

编号	条文规定	小项	检查内容	是否符合	评价	检查人	备注
25.2.4	定期对灰管进行检查，重点包括灰管的磨损和接头、各支撑装置（含支点及管桥）的状况等，防止发生管道断裂事故。灰管道泄漏时应及时停运，以防蔓延形成污染事故	1	检查缺陷管理系统、输灰系统参数确认灰管运行情况和缺陷消除情况。查灰管定期巡检记录，内容重点包括灰管的磨损和接头、各支撑装置（含支点及管桥）的状况等，防止发生管道断裂事故				
25.2.5	对分区使用或正在取灰外运的灰场，必须制定落实严格的防止扬尘污染的管理制度，配备必要的防尘设施，避免扬尘对周围环境造成污染	1	对分区使用或正在取灰外运的灰场，查是否制定有防止扬尘污染的管理制度，是否配备有必要的防尘设施，并检查是否严格落实				
25.2.6	灰场应根据实际情况进行覆土、种植或表面固化处理等措施，防止发生扬尘污染	1	现场检查灰场是否采取了覆土、种植或表面固化处理等防止发生扬尘污染措施，是否符合环评及水土保持要求				
25.3	加强废水处理，防止超标排放	10					
25.3.1	电厂内部应做到废水集中处理，处理后的废水应回收利用，正常工况下，禁止废水外排。环评要求厂区不得设置废水排放口的企业，一律不准设置废水排放口。环评允许设置废水排放口的企业，其废水排放口应规范化设置，满足环保部门的要求。同时应实装废水自动监控设施，并严格执行《水污染源在线监测系统安装技术规范（试行）》（HJ/T 353—2007）	1	查 DCS、规程、系统图或现场设备，看电厂是否做到了废水集中处理，处理后的废水是否回收利用				
		2	环评要求厂区不得设置废水排放口的企业，现场检查是否设置有废水排放口				
		3	环评允许设置废水排放口的企业，检查其废水排放口是否规范化设置，是否满足环保部门的要求，是否安装有废水自动监控设施，并严格执行规范				
25.3.2	应对电厂废（污）水处理设施制订严格的运行维护和检修制度，加强对污水处理设备的维护、管理，确保废（污）水处理运转正常	1	查对废（污）水处理设施是否制订有严格的运行维护制度				
		2	查对废（污）水处理设施是否制订有严格的检修制度				
25.3.3	做好电厂废（污）水处理设施运行记录，并定期监督废水处理设施的投运率、处理效率和废水排放达标率	1	查电厂废（污）水处理设施运行记录是否完善				
		2	查废水处理设施的投运率、处理效率和废水排放达标率是否符合要求，台账是否完善				
25.3.4	锅炉进行化学清洗时，必须制订废液处理方案，经审批后执行。清洗产生的废液经处理达标后尽	1	查锅炉进行化学清洗时，是否制订有废液处理方案，并经审批后执行				

编号	条文规定	小项	检查内容	是否符合	评价	检查人	备注
25.3.4	量回用,降低废水排放量。酸洗废液委托外运处置的,第一被委托方(处置企业)要有资质,第二电厂要监督处理过程,并且留下记录	2	查锅炉进行清洗后产生的废液是否经处理达标后回用				
		3	锅炉酸洗废液委托外运处置的,检查被委托方是否有资质,废物处理是否符合环保要求				
25.4	加强除尘、除灰、除渣运行维护管理	13					
25.4.1	加强燃煤电厂电除尘器、袋式除尘器、电袋复合式除尘器的运行、维护及管理,除尘器的运行参数控制在最佳状态。及时处理设备运行中存在的故障和问题,保证除尘器的除尘效率和投运率。烟尘排放浓度不能达到地方、国家的排放标准规定浓度限制的除尘系统应进行除尘器提效等改造	1	检查除尘器监控画面,运行参数是否在规程规定的最佳参数状态				
		2	查缺陷管理系统、缺陷记录,除尘设备运行中存在的故障和问题是否及时得到处理				
		3	烟尘排放浓度不能达到地方、国家的排放标准规定浓度限制的除尘系统,查是否制定了除尘器提效等改造方案				
25.4.2	电除尘器(包括旋转电极)的除尘效率、电场投运率、烟尘排放浓度应满足设计的要求,同时烟尘排放浓度应符合地方烟气污染物排放标准和《火电厂大气污染物排放标准》(GB 13223—2011)规定排放限制。新建、改造和大修后的电除尘器应进行性能试验,性能指标未达标不得验收	1	查电除尘运行日志,烟气污染物排放是否符合要求				
		2	查电除尘器性能试验报告,检查新建、改造和大修后的电除尘器性能指标是否达标,否则不得验收				
25.4.3	袋式除尘器、电袋复合式除尘器的除尘效率、滤袋破损率、阻力、滤袋寿命等应满足设计的要求,同时烟尘排放浓度达到地方、国家的排放标准规定要求。新建、改造和大修后的袋式除尘器、电袋复合式除尘器应进行性能试验,性能指标未达标不得验收。袋式除尘器、电袋复合式除尘器运行期间出现滤袋破损应及时处理	1	查监控画面,检查烟尘排放浓度是否达到地方、国家的排放标准规定要求				
		2	查袋式除尘器、电袋复合式除尘器的检修维护台账,检查滤袋破损率、阻力、滤袋寿命等是否满足设计的要求				
		3	查袋式除尘器、电袋复合式除尘器性能试验报告,检查新建、改造和大修后的电除尘器性能指标是否达标,否则不得验收。				
25.4.4	防止电厂干除灰输送系统、干排渣系统及水力输送系统的输送管道泄漏,应制定紧急事故措施及预案	1	查电厂干除灰输送系统输送管道泄漏是否制定有紧急事故措施及预案				

编号	条文规定	小项	检查内容	是否符合	评价	检查人	备注
25.4.4	防止电厂干除灰输送系统、干排渣系统及水力输送系统的输送管道泄漏,应制定紧急事故措施及预案	2	查电厂干排渣系统是否制定有紧急事故措施及预案				
		3	查电厂水力输送系统的输送管道泄漏是否制定有紧急事故措施及预案				
25.4.5	锅炉启动时油枪点火、燃油、煤油混烧、等离子投入等工况下,电除尘器应在闪络电压以下运行,袋式除尘器或电袋复合式除尘器的滤袋应提前进行预喷涂处理。 同时防止除尘器内部、灰库、炉底干排渣系统的二次燃烧,要求及时输送避免堆积	1	查运行记录、监控画面参数或运行措施等,检查锅炉启动时油枪点火、燃油、煤油混烧、等离子投入等工况下,电除尘器是否在闪络电压以下运行,袋式除尘器或电袋复合式除尘器的滤袋是否提前进行预喷涂处理,是否有防止除尘器内部、灰库、炉底干排渣系统的二次燃烧的措施				
25.4 6	袋式除尘器或电袋复合式除尘器的旁路烟道及阀门应零泄漏。	1	查监控画面参数、袋式除尘器或电袋复合式除尘器的旁路烟道及阀门泄漏检查试验记录,确认是否有泄漏				
25.5	加强脱硫设施运行维护管理	17					
25.5.1	制订完善的脱硫设施运行、维护及管理制度,并严格贯彻执行	1	查是否制定有完善的脱硫运行规程、系统图				
		2	查是否制定有完善的脱硫检修规程				
		3	查脱硫效率、投运率等脱硫运行台账是否完善				
		4	查是否有脱硫副产品处置的相关管理制度				
		5	查其他脱硫设施相关管理制度				
25.5.2	锅炉运行其脱硫系统必须同时投入,脱硫系统禁止开旁路挡板运行,脱硫效率、投运率应达到设计的要求,同时二氧化硫排放浓度达到地方、国家的排放标准。无旁路及已进行旁路烟道封堵的脱硫系统应确保脱硫系统高效稳定运行。脱硫系统运行不能达到地方、国家颁布的二氧化硫浓度排放标准的应进行提效改造	1	查 DCS 及运行记录,确认锅炉运行脱硫系统是否同时投运				
		2	查 DCS 及脱硫运行台账,确认脱硫效率、投运率是否达到设计的要求,是否有开旁路挡板运行情况				
		3	查 DCS 记录及 CEMS 记录,检查二氧化硫排放浓度是否达到地方、国家的排放标准				
		4	查 DCS、运行记录,检查无旁路及已进行旁路烟道封堵的脱硫系统是否高效稳定运行				

编号	条文规定	小项	检查内容	是否符合	评价	检查人	备注
25.5.3	脱硫系统运行时必须投入废水处理系统,处理后的废水指标满足国家或电力行业标准	1	查DCS、现场设备确认脱硫系统运行时废水处理系统是否投运				
		2	查DCS、化学分析数据,检查脱硫废水处理后的废水指标是否满足国家或电力行业标准				
25.5.4	新建、改造和大修后的脱硫系统应进行性能试验,指标未达到标准的不得验收	1	查脱硫性能试验报告,检查新建、改造和大修后的脱硫系统性能指标是否达标,未达到标准的不得验收				
25.5.5	加强脱硫系统维护,对脱硫系统吸收塔、换热器、烟道等设备的腐蚀情况进行定期检查,防止发生大面积腐蚀	1	等级检修或有条件情况下,现场检查脱硫系统吸收塔、换热器、烟道等设备的腐蚀情况,检查是否有大面积腐蚀情况				
25.5.6	对未安装烟气换热器(GGH)加热设备的脱硫设施,应定期监测脱硫后的烟气中的石膏含量,防止烟气中带出脱硫石膏	1	对未安装烟气换热器(GGH)加热设备的脱硫设施,查脱硫后的烟气中石膏含量的定期监测记录,避免烟气中带出脱硫石膏				
25.5.7	防止出现脱硫系统输送浆液管道的跑冒滴漏现象,发生泄漏及时处理	1	现场检查,缺陷查询,查脱硫系统输送浆液管道的跑冒滴漏是否及时处理				
25.5.8	脱硫系统的副产品应按照要求进行堆放,避免二次污染	1	现场检查,查脱硫系统的副产品处置相关制度,现场检查石膏是否按要求堆放,避免二次污染				
25.5.9	脱硫系统的上游设备除尘器应保证其出口烟尘浓度满足脱硫系统运行要求,避免吸收塔浆液中毒	1	查DCS记录,检查除尘器出口烟尘浓度是否满足脱硫系统设计、运行要求				
25.6	加强脱硝设施运行维护管理	18					
25.6.1	制订完善的脱硝设施运行、维护及管理制度,并严格贯彻执行	1	查是否制定有完善的脱硝运行规程、系统图				
		2	查是否制定有完善的脱硝检修规程。				
		3	查脱硝效率、投运率等脱硝运行台账是否完善				
		4	查氨区、或氨制备区是否有完善的管理制度				

编号	条文规定	小项	检查内容	是否符合	评价	检查人	备注
25.6.2	脱硝系统的脱硝效率、投运率应达到设计要求,同时氮氧化物排放浓度满足地方、国家的排放标准,不能达到标准要求应加装或更换催化剂	1	查DCS及脱硝运行台账,确认脱硝效率、投运率是否达到设计的要求				
		2	查DCS记录,检查氮氧化物排放浓度是否达到地方、国家的排放标准				
25.6.3	设有液氨储存设备、采用燃油热解炉的脱硝系统应进行制定事故应急预案,同时定期进行环境污染的事故预想与防火、防爆处理演习,每年至少一次	1	查有液氨储存设备、采用燃油热解炉的脱硝系统是否制定有事故应急预案,是否进行事故预想及演练并留存演习记录				
25.6.4	氨区的设计应满足《建筑设计防火规范》(GB 50016—2014)、《储罐区防火堤设计规范》(GB 50351—2014)、地方安全监督部门的技术规范及有关要求,氨区应有防雷、防爆、防静电设计	1	查氨区原始资料				
		2	现场检查氨区是否有防雷、防爆、防静电设计				
25.6.5	氨区的卸料压缩机、液氨供应泵、液氨蒸发槽、氨气缓冲罐、氨气稀释罐、储氨罐、阀门及管道等无泄漏	1	现场检查氨区的卸料压缩机、液氨供应泵、液氨蒸发槽、氨气缓冲罐、氨气稀释罐、储氨罐、阀门及管道等是否存在泄漏				
25.6.6	氨区的喷淋降温系统、消防水喷淋系统、氨气泄漏检测器,应定期进行试验	1	查氨区的喷淋降温系统、消防水喷淋系统、氨气泄漏检测器试验台账,检查是否定期进行试验				
25.6.7	氨区应具备风向标、洗眼池及人体冲洗喷淋设备,同时氨区现场应放置防毒面具、防护服、药品以及相应的专用工具	1	现场检查防护设备配置情况				
25.6.8	氮气吹扫系统应符合设计要求,系统正常运行	1	查系统图、现场检查氮气吹扫系统是否符合设计要求,系统是否正常运行				
25.6.9	氨区配备完善的消防设施,定期对各类消防设施进行检查与保养,禁止使用过期消防器材	1	现场检查氨区消防设施配备情况				
		2	检查氨区各类消防设施检查与保养记录,检查是否有使用过期消防器材情况				
25.6.10	新建、改造和大修后的脱硝系统应进行性能试验,指标未达到标准的不得验收	1	查脱硝性能试验报告,检查脱硝系统性能指标				

编号	条文规定	小项	检查内容	是否符合	评价	检查人	备注
25.6.11	输送液氨车辆在厂内运输应严格按照制定的路线、速度行进，同时输送车辆及驾驶人员应有运输液氨相应的资质及证件等	1	检查液氨车辆在厂内运输相关管理制度，现场抽查输送液氨车辆在厂内运输是否严格按照制定的路线、速度行进，检查输送车辆及驾驶人员是否有运输液氨相应的资质及证件等				
25.6.12	锅炉启动时油枪点火、燃油、煤油混烧、等离子投入等工况下，防止催化剂产生堆积可燃物燃烧	1	查 DCS 记录相关运行数据，检查锅炉启动时油枪点火、燃油、煤油混烧、等离子投入等工况下是否有催化剂产生堆积可燃物燃烧				
25.7	加强烟气在线连续监测装置运行维护管理	1					
25.7.1	按照环保部颁布的《固定污染源烟气排放连续监测技术规范》（HJ/T 75—2007）及《固定污染源烟气排放连续监测系统技术要求及检测方法》（HJ/T 76—2007）标准相关内容执行	1	查烟气在线连续监测装置的运行维护管理制度是否完善，查运行维护记录				

附录A 《防止电力生产事故的二十五项重点要求》检查评价报告

1. 工程概况

对工程概况简单介绍，包括建设规模、建设计划、主要参建单位、主机设备型号及厂家。

2. 工程建设进展情况

工程形象进度简要介绍。

3. 本工程落实《防止电力生产事故的二十五项重点要求》的主要措施

简要介绍本工程在设计、设备、施工、调试管理方面采取的主要措施。

4. 本次检查情况

包括检查组织单位、检查组成员、检查具体情况。具体见表A.1~A.3。

5. 下一步工作要求

检查组成员名单见表A.1。

表A.1　　　　　　　　　检查组成员名单

序号	姓名	单位	部门	分工
1				
2				
3				
4				
5				
6				

《防止电力生产事故的二十五项重点要求》落实情况检查统计见表A.2。

表A.2　　《防止电力生产事故的二十五项重点要求》落实情况检查统计

序号	单项要求名称	检查项数	不符合项数	符合率（%）	备注
1	防止人身伤亡事故				
2	防止火灾事故				
3	防止电气误操作事故				
4	防止系统稳定性破坏事故				
5	防止机网协调事故				

续表

序号	单项要求名称	检查项数	不符合项数	符合率（%）	备注
6	防止锅炉事故				
7	防止压力容器等承压设备爆破事故				
8	防止汽轮机、燃气轮机事故				
9	防止分散控制系统、保护失灵事故				
10	防止发电机损坏事故				
11	防止发电机励磁系统事故				
12	防止大型变压器损坏和互感器事故				
13	防止 GIS、开关设备事故				
14	防止接地网和过电压事故				
15	防止污闪事故				
16	防止电力电缆损坏事故				
17	防止继电保护事故				
18	防止电力调度自动化系统、电力通信网及信息系统事故				
19	防止发电厂、变电站全停及重要客户停电事故				
20	防止垮坝、水淹厂房及厂房坍塌事故				
21	防止重大环境污染事故				
	合计				

不符合项统计表见表 A.3。

表 A.3 　　　　　　不 符 合 项 统 计 表

序号	条文规定	检查内容	不符合项说明	检查人	备注
1					
2					
3					
4					
5					
6					
7					
8					
9					
10